"青少年互联网素养"丛书

互联网文明
网络行为指南针

HULIANWANG WENMING:
WANGLUO XINGWEI ZHINANZHEN

主　编■王仕勇　刘官青

副主编■马玲玉　曾　珠

西南师范大学出版社

国家一级出版社　全国百佳图书出版单位

图书在版编目（CIP）数据

互联网文明：网络行为指南针/王仕勇，刘官青主编 . — 重庆：西南师范大学出版社，2021.2

（"青少年互联网素养"丛书）

ISBN 978-7-5697-0701-4

Ⅰ . ①互… Ⅱ . ①王… ②王… Ⅲ . ①互联网络—文明建设—中国—青少年读物 Ⅳ . ① TP393.4-49

中国版本图书馆 CIP 数据核字（2021）第 023481 号

"青少年互联网素养"丛书

策　划：雷　刚　郑持军
总主编：王仕勇　高雪梅

互联网文明：网络行为指南针

HULIANWANG WENMING:WANGLUO XINGWEI ZHINANZHEN

主　编：王仕勇　刘官青　　　副主编：马玲玉　曾　珠

责任编辑：袁　理　鲁妍妍　周明琼　符华婷
责任校对：于诗琦
装帧设计：张　晗
排　　版：重庆允在商务信息咨询有限公司
出版发行：西南师范大学出版社
　　　　　地址：重庆市北碚区天生路 2 号
　　　　　邮编：400715
　　　　　市场营销部电话：023-68868624
印　　刷：重庆紫石东南印务有限公司
幅面尺寸：170mm×240mm
印　　张：11
字　　数：18.4 千字
版　　次：2021 年 4 月　第 1 版
印　　次：2021 年 4 月　第 1 次印刷
书　　号：ISBN 978-7-5697-0701-4

定　　价：35.00 元

"青少年互联网素养"丛书编委会

策　划：雷　刚　郑持军
总主编：王仕勇　高雪梅

编　委（按拼音排序）

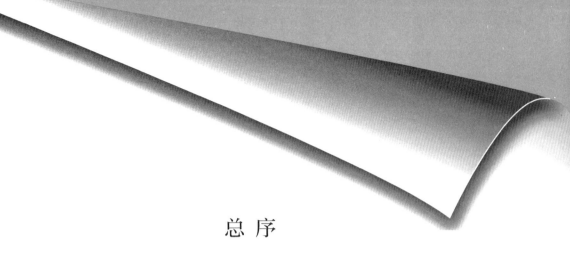

总 序

互联网素养：数字公民的成长必经路

在一个风起云涌、日新月异的科技革命时代，互联网已经深刻地改变了，并将继续改变整个世界，其意义无需再赘言。我们不禁想起梁启超一百多年前的《少年中国说》："少年智则国智，少年富则国富，少年强则国强，少年独立则国独立，少年自由则国自由，少年进步则国进步，少年胜于欧洲则国胜于欧洲，少年雄于地球则国雄于地球。"

今日之中国少年，恰逢互联网盛世，在互联网的包围下成长，汲取着互联网的乳液，其学习、生活乃至将来的工作，必定与互联网有着难分难解的关系。当然，兼容开放的互联网虚拟世界也不全是正面的，社会的种种负面的东西也渗透其中，如何取其精华而弃其糟粕，切实增进青少年的信息素养，已成为这个时代的紧迫课题。

互联网素养已成为未来公民生存的必备素养。正确认知互联网及互联网文化的本质，加速形成自觉、健全、成熟的互联网意识，自觉树立正面、健康、积极的互联网观，在学习、生活、交友和成长过程中迅速掌握互联网技巧，熟练运用互联网技能，自觉吸纳现代信息科技知识，助益个人成长，规避不良影响，培育互联网素养，成为合格的数字公民，已成为时代、国家和社会对广大青少年朋友们提出的要求。

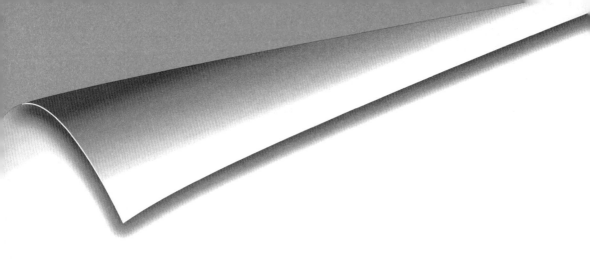

  党和政府一直高度重视信息产业技术革命，高度重视青少年信息素养培育工作，高度重视营造良好的青少年互联网成长环境，不仅大力普及互联网技术，推动互联网与各行各业融合发展，而且将信息素养提升到了青少年核心素养的高度，并制定了《全国青少年网络文明公约》等法律规章，对青少年的互联网素养培育提出了殷切的希望。我们策划的这套丛书，正是响应时代、国家和社会的要求，将互联网素养与青少年成长相结合而组织编写的、成系列的青少年科普读物，包括了互联网简史、互联网安全、互联网文明、互联网心理、互联网创新创业、互联网学习、互联网交际、互联网传播、互联网文化多个方面主题。

  少年强则国强，希望广大青少年朋友们能早日成为合格的数字公民，为建设网络强国，实现民族腾飞梦而贡献出自己的力量，愿广大青少年在互联网时代劈波斩浪！

雷　刚

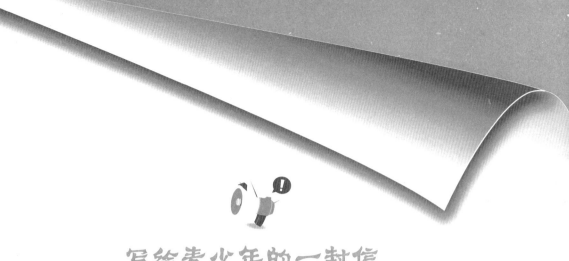

写给青少年的一封信

亲爱的青少年朋友：

你们好！很高兴你能打开这扇网络知识的"大门"，与我们一起踏入互联网的文明之旅。我们都知道，互联网是一个奇妙的世界，我们可以在网上学习、购物、交友……可以说，互联网让我们的生活丰富多彩。但是，当你看到这个书名时，是不是充满疑惑，什么是互联网文明？这本书就是要告诉大家如何做到文明上网，帮助大家解答关于互联网文明的疑问。

我们平时上网的时候，是不是经常会看到辱骂他人的网友？观看视频的时候，是不是会有"键盘侠"霸占整个屏幕影响观看体验？身边是不是有很多同学沦为"低头族"？是不是有成绩好的同学迷恋网络游戏后成绩一落千丈？当你看到网上很多辱骂性的语言时，是怎么想的呢？当别人妨碍你的观看体验时，你是否也想以牙还牙？当你看到沉迷网络的同学时，你有没有自我反省呢？

除此之外，我们在网络大世界游玩的时候，会发生许多现实生活中不会遇到的事情。有的让我们感觉很陌生，有的让我们感觉很奇妙，有

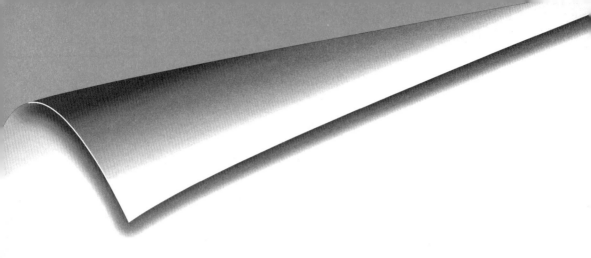

的甚至让我们感到恐惧。网络生活中会发生很多我们难以预料、不知所措的事情，我们应该如何应对呢？又应当如何保护好自己呢？

在这本书里，你可能会看到许多感觉会发生在你身边的例子，你也可能会看到很多不可思议的事例。希望通过本书，你可以在自己日常上网的过程中时时保持必要的警惕，不在网络世界中迷失自我；当你看到不良信息时，你要懂得回避和举报；当你看到破坏网络秩序的情况时，你要懂得维护；当你深陷网络困境时，你要懂得如何自救。这是一本适合中小学生阅读的科普读物，它能拓宽你的知识面，教会你一些文明上网的方法。

现在，就让我们携手一起来踏上这场属于我们的文明上网之旅吧！

编　者

目　录

互联网文明：网络行为指南针

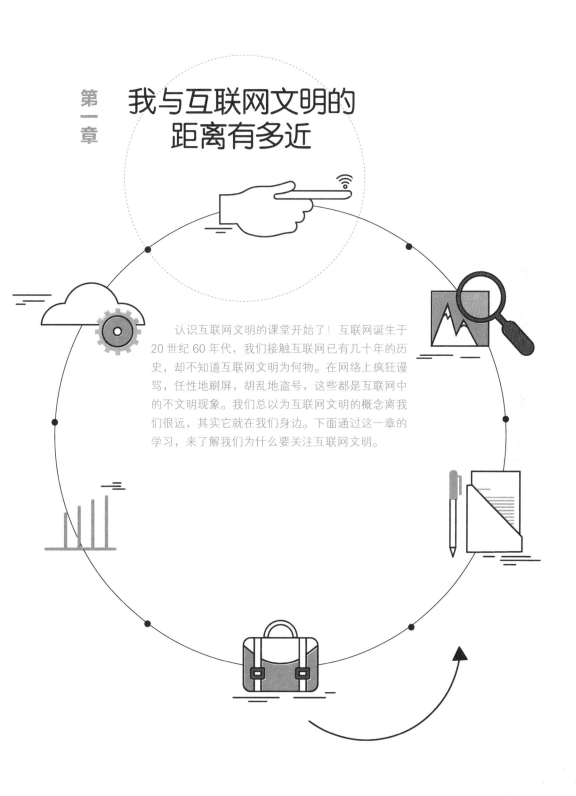

第一章　我与互联网文明的距离有多近

认识互联网文明的课堂开始了！互联网诞生于20世纪60年代，我们接触互联网已有几十年的历史，却不知道互联网文明为何物。在网络上疯狂谩骂，任性地刷屏，胡乱地盗号，这些都是互联网中的不文明现象。我们总以为互联网文明的概念离我们很远，其实它就在我们身边。下面通过这一章的学习，来了解我们为什么要关注互联网文明。

第一节　为什么要关注"互联网文明"

知识万花筒

网络的一些负面特性：网络信息冗杂，通常会有很多低俗、违反法律法规的内容，涉及血腥暴力、凶杀、恶意谩骂、侮辱诽谤他人的信息；容易诱发我们的不良思想行为和干扰我们正常学习生活的内容，涉及直接或隐晦表现人体性部位、性行为，具有挑逗性或污辱性的图片、音视频、文章等，散布色情交易、不正当交友等信息，以及走光、违背家庭伦理道德的内容。

随着智能手机及互联网的普及，新城中学为了加深同学们对文明使用互联网内容的理解，特地要求每一个班级都要举行一次"网络文明，大家谈"的活动，希望通过同学们自身经验的分享，对正在使用网络的青少年进行网络文明教育，给予他们正确的引导和帮助。

首先，老师要求同学们谈谈我们能从互联网中获得什么，八年级一班的同学都踊跃发言，大多数同学都说在网络上能够交到朋友，还能够玩游戏、听音乐、看电影等。可是很少有同学能主动通过网络获取一些关于学习方面的知识。小文分享了自己怎么通过网络提升自己的学习能力，他说："既然大家都很喜欢玩游戏，那我就从网上找到游戏式的学习方式，比如一些英语学习之类的游戏，在游戏中也认识了一群小伙伴，希望通过这种边玩边学的方式提升自己的英语水平。慢慢地，群里的小伙伴相互合作和竞争，让我对学习产生了更多的兴趣，心态也调整到最佳状态。同时，网上有很多很棒的教学视频，每当遇到在课堂上没有搞明白的问题时，我就会上网去看看相关的教学视频，既方便又高效。"小茜则说："上网会占用我们太多学习、休息的时间，给学习带来压力。甚至，有些同学还会深陷网络的虚拟世界，

以至于在日常学习生活中也常常走神，出现精神不集中等情况。而且，网络上充斥着许多暴力、黄色及其他不文明的信息，而我们又很容易受影响。网上的不良信息和网络犯罪会不利于我们的身心健康发展。"

最后，班主任刘老师总结道："显而易见，不文明的网络内容会影响我们正常的学习和生活，同时由于网络的特性，我们容易受到不文明网络信息的影响，甚至走向违法犯罪的深渊。我们应自觉做到文明上网，充分利用网络资源的优势，为学习服务，以提高自身素质；科学合理地安排时间，不沉溺于电脑游戏、网上聊天之中，正确选择网上信息。我们要严格要求自己，自觉抵制不良诱惑，正确合理利用网络进行学习，这样一定会给我们带来意想不到的收获。"

文博士 课堂

现今，互联网已成为我们学习、工作、生活的重要工具，互联网影响着我们生活和学习的方方面面。然而，各种暴力、恐怖、低俗、淫秽色情等类型的有害信息在网上传播，严重毒害着青少年，一些家长也发出了"救救我们的孩子"的呼声。网络文明建设对于青少年的健康成长极其重要。为什么时代越进步，我们越要注重青少年网络文明呢？

第一章 我与互联网文明的距离有多近

1. 青少年是国家和民族的未来，青少年的健康成长与祖国的繁荣昌盛息息相关

网络文明建设在我国的起步相对较晚，这一方面我们还做得远远不够。一开始由于我们对于互联网的认识不够，忽视了网络文明建设，直接导致了大量网络犯罪、青少年沉迷网络等问题的出现，这才提醒了我们要加强对网络环境的管理。互联网伴随着 21 世纪青少年的成长，青少年的健康成长与祖国的繁荣昌盛息息相关，要想促进青少年的健康成长，就必须营造一个和谐而文明的网络环境。

2. 互联网管理难度较大，青少年容易在网络中上当受骗或受到伤害

我国的互联网发展迅猛，对政治、经济、文化和社会建设的影响日益广泛而深刻，对人们学习、工作和生活方面的影响越来越大，特别是对青少年的学习和健康成长有着重要的影响。网络文明建设问题也日益迫切地摆在我们的面前。互联网自身具有一些特点，例如虚拟性、隐蔽性等，网络技术使人们的身份变成电脑上的一串字符，任何人都可以以不同的名字、性别、年龄等与他人进行交流而不被觉察，不必担心会泄露自己的隐私或秘密。网络的这种隐蔽性特点，使互联网系统在管理上难以控制。青少年自制力和责任感比较弱，这种隐蔽空间很容易让青少年上当受骗，或诱惑青少年产生不道德行为，甚至违法犯罪。

3. "垃圾信息"泛滥不利于青少年成长

随着互联网技术的快速发展，各种社交网站蓬勃兴起，我们获取信息更加方便快捷。但是，互联网上仍存在一些不文明现象，如发布虚假

信息、传播淫秽色情和低俗信息、散布垃圾邮件、传播不良视频等，严重败坏社会风气，污染网络环境。互联网是一个相对比较自由的空间，人们在这个空间里受到的约束会比现实世界少一些，这种开放性和自由性极易使青少年接触到一些"垃圾信息"，特别是一些对青少年成长不利的暴力、淫秽色情信

息。这不仅影响青少年的学习，而且损害他们的身心健康，甚至造成他们道德意识混乱、道德行为失范等情况。

4. 青少年的生理与心理的特点与互联网契合，容易受网络影响

青少年由于生理、心理方面的特点，与网络存在着某些契合点，如互联网传播信息的高效性正符合青少年追求时效性的特点；上网"冲浪"的时尚性符合青少年对新鲜事物好奇、追求时尚的心理；网络的自由性、开放性也正符合青少年追求个性自由的心理等。正是由于这些契合点，使青少年更容易被互联网所吸引，以致从内在道德意识、价值观念到外在行为方式都受到极大的影响。

5. "心理断乳期"的青少年对网络的依赖极强

青少年的个性心理还处于形成和发展期，这一时期心理学上称之为"心理断乳期"。这一时期的我们正处于自我意识迅速发展的时期，独立性、自主性逐渐增强，内心世界日趋复杂，不轻易把内心感受表达出来，不愿向父母、老师倾诉。而青少年在这一时期的交友需求又是极为强烈的，但由于人际交往能力相对较弱，容易出现一些人际矛盾。我们常常觉得和家长、老师、同学有隔阂，苦闷无处诉说；同时，生活中家长、老师的教导，又令我们觉得没有获得真正的独立自主。而网络交流的平等、自由，使我们可以以任何身份出现，扮演自己渴望的角色；可以尽情表达自己的思想和内心情感，不必在意别人的批评；可以任意选择对话的"朋友"，不必担心失去朋友或得罪他人。因此，一部分青少年沉溺于网际交流，沉溺于网络虚拟世界，渐渐淡漠了真实世界的生活，并且缺乏在现实中

> **知识万花筒**
>
> **心理断乳期**：指青春期到青年初期这一年龄阶段。随着儿童的成长，我们的自我意识也开始萌芽发展，到青少年时期形成了"成人感""独立感"。这样，我们从以前对父母心理上的依赖过渡到开始反抗成人过多的保护和干涉。这时期的我们经常遇到各种矛盾冲突：一方面想成为一个独立的人，另一方面由于自己各种能力的不足，不得不在某种程度上依赖于父母；想摆脱外界的约束与现实外在的干预之间的矛盾等。

与人的交流，以至于脱离了丰富多彩的现实生活、集体活动等。久而久之，我们会失去与人交往的能力，并对真实生活的人际情感淡漠，逐渐丧失了对这个真实生活的适应能力，并且不断产生抑郁、孤独的心理问题，导致我们与现实社会格格不入。

正是因为这些主观和客观原因，互联网环境对青少年的影响越来越受到社会各界的关注，国家、社会、学校、家庭都在为青少年的健康成长而努力倡导互联网文明，作为青少年的我们也应该努力做一个网络文明的守卫者。

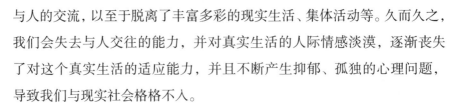

文明保卫战

我们是网络时代的主力军，面对当今网络给我们身心健康成长造成的危害，我们应予以高度重视和警惕。据研究，"网络综合征"这种现代病已引起国内外的普遍重视，我国也发生多个因此自残的案例。网络文明建设对我们的健康成长起着重要作用，那我们又应该如何做到维护互联网文明，为自身的成长环境贡献自己的一份力量呢？

1. 我们应该争做互联网道德的模范

我们要学习互联网道德规范，以对自己的网络行为有一个正确的评判，并且要不断增强网络道德意识，提高自己对网上信息的判断、选择和处理能力，善于选择那些有利于自己生活和能力发展的正确信息，充分体现我们在信息面前的主体地位，激发我们对美好网络生活的向往和追求，形成良好的遵守互联网道德的习惯。

2. 我们应该争做互联网文明的使者

我们应该主动学习互联网文明的真正含义，增强互联网文明意识，使用互联网文明的语言。提高自制、自律能力，做到控制上网时间，不影

知识万花筒

网络综合征：人们由于沉迷于网络而引发的各种生理、心理障碍的总称。其主要表现为无节制地长时间上网，造成情绪低落、反应迟钝、自我评价低、生物钟紊乱、混淆现实生活和虚拟世界，严重者产生自残行为。

响正常的学习、生活，不迷恋网络，不把网络当作精神寄托。在无限宽广的网络天地里倡导文明新风，营造健康的网络道德环境。

3. 我们应该争做互联网安全的卫士

我们要了解互联网安全的重要性，合法、合理地使用互联网的资源，增强互联网安全意识，监督和防范安全隐患，维护正常的互联网运行秩序，注重自身的道德修养，严格做到网上自律，不主动访问有害站点，促进互联网的健康发展。

网络是一把双刃剑，它既是人们获取知识、拓宽视野、扩大交流以及休闲娱乐的重要工具，同时又充斥着各种不良信息，影响我们的身心健康。因此，我们应该加强学习，认清危害；文明上网，远离诱惑，自觉遵守网络道德；不进营业性网吧，不接触不良信息，自觉抵制不良诱惑；增强自我保护意识，不在网上随意泄露自己及家人的真实信息。

文明 小贴士

故事中谈到学校教育越来越重视学生的网络使用状况及其文明情况，那么我们就来谈谈什么是互联网文明。

为了让我们自觉养成良好的上网习惯，争做网络文明的小小宣传员、示范员，2001 年 11 月 22 日，共青团中央、教育部、文化部、国务院新闻办公室、全国青联、全国学联、全国少工委、中国青少年网络协会向社会正式发布了《全国青少年网络文明公约》，其基本准则要求如下：

要善于网上学习，不浏览不良信息。

要诚实友好交流，不侮辱欺诈他人。

要增强自护意识，不随意约会网友。

要维护网络安全，不破坏网络秩序。

要有益身心健康，不沉溺虚拟时空。

公约的内容仅 70 字，从五个方面有所倡导，有所摒弃。公约强调，将网络作为课外学习的一种新工具和了解大千世界的新途径，不接触、

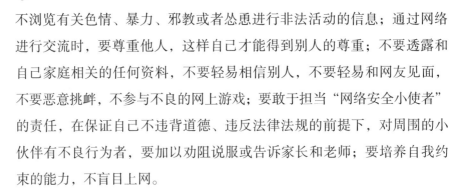

不浏览有关色情、暴力、邪教或者怂恿进行非法活动的信息；通过网络进行交流时，要尊重他人，这样自己才能得到别人的尊重；不要透露和自己家庭相关的任何资料，不要轻易相信别人，不要轻易和网友见面，不要恶意挑衅，不参与不良的网上游戏；要敢于担当"网络安全小使者"的责任，在保证自己不违背道德、违反法律法规的前提下，对周围的小伙伴有不良行为者，要加以劝阻说服或告诉家长和老师；要培养自我约束的能力，不盲目上网。

我们作为互联网的使用者，应该积极正确地使用网络，遵守相关法律法规和互联网道德，严以自律，做到上网有计划、有目的、有道德、有收获。我们也应该积极响应国家号召，自觉遵守《全国青少年网络文明公约》，从自身做起，争做互联网文明的守护者！

▶ 第二节　文明上网，健康成长

文明故事会 ··

　　轩轩是一名马上要初中毕业的学生，在学校担任班长，在完成自己本职工作和任务的同时，学习成绩也名列前茅。

　　小亮本来和轩轩一样，也是班上同学学习的榜样，可是步入初三后，小亮的成绩一落千丈。轩轩作为小亮的好朋友，一直在想小亮学习成绩下滑得这么快是不是遇到什么问题了，于是轩轩去询问小亮，发现小亮的脾气与以前相比变得暴躁、不耐烦，而且上课还经常玩手机、不听课，甚至在课堂上睡觉。轩轩不想自己的好朋友变成这样，于是便暗中观察小亮，发现他最近结识了一些社会人士，有时候跟他们出去玩，整夜不归。

　　有一天，小亮趴在课桌上睡着了，轩轩准备过去叫醒小亮，忽然小亮的手机响了，弹出一个QQ提醒，一个叫作"我们就是拽"的群里发过来一些暴力内容。后来轩轩询问了小亮身边的朋友以及家人，才发现小亮是由于学习压力大不知道怎么缓解，于是在浏览贴吧的时候发现这样一个群，他以为能缓解压力，谁知道群里有太多社会人士，大家经常在群里说一些不

恭喜你被录取了

文明的话语，偶尔还会发一些黄色暴力信息，小亮害怕自己会格格不入，于是渐渐地自己也开始说一些不文明的语言。慢慢地，小亮开始沉迷于手机聊天，无心上学，也不愿与同学交流，性格也变得暴躁，学习成绩一落千丈。

轩轩回到家后，心想，一定要帮助小亮。于是轩轩号召班上的同学关心小亮，经常组织一些活动，带着小亮去散心游玩，让他知道宣泄情绪还有很多别的方式，也偶尔适当地陪小亮一起玩一玩网络游戏，慢慢地，小亮被同学们所打动，开始正视自己的问题。由于家庭早期教育的关系，轩轩善用网络，在轩轩的督促和帮助下，小亮不想再让同学、老师和家人操心，于是每天合理分配上网时间，文明上网，积极参加活动，努力学习。

中考结束后的一天，小亮正在网上和一些已经上高中的学长聊一些关于高中学习方法的话题，突然接到班主任打来的电话，说："小亮，老师恭喜你，你以全校前10名的成绩考上了重点高中。"一瞬间，小亮激动得哭了，他不敢相信自己也能取得这样的好成绩。小亮反思了自己一路走来遇到的问题和困难，在轩轩以及同学和老师的帮助下，塑造了全新的自己。在班上的总结会上，小亮说："文明上网，好好利用网络，可以让我们事半功倍。"

文博士 课堂

故事中出现的情况其实在我们身边特别常见。随着互联网的不断普及，我国网民数量持续增长。2020年9月29日，中国互联网络信息中心（CNNIC）在京发布了第46次《中国互联网络发展状况统计报告》。截至2020年6月，我国网民规模达9.4亿，普及率达到67%，我国手机网民规模达9.32亿，占全国网民的99.1%。其中，我国网民以10~39岁群体为主，占比65.1%。我们既是网络的主要使用群体，又是推动网络发展的巨大力量。这个年龄段的网民主要有以下几个特点：

1. 上网人数多

在我国 9.4 亿的网民中，10 岁以下、10~19 岁和 19~29 岁网民比例分别为 3.5%、14.8% 和 19.9%。[1] 在我国网民群体中，学生网民最多，占比 26%。

2. 青少年的成长伴随着互联网的应用和发展

网络已成为我们学习知识、交流思想、休闲娱乐的重要平台，网络俨然已成为人们的"生活必需品"，为我们学习知识、交流思想、展现自我提供了一个绝好的舞台。报告显示，10 岁以下、10~14 岁和 15~19 岁年龄段的网民人均手机 App 数量分别是 28 个、44 个和 83 个。我们通过这些 App 几乎可以获得想要的所有信息。比如：在电脑、手机上收看电视节目，和朋友聊天，查找需要的信息等。自从有了互联网，我们的业余生活、人与人之间的沟通方式等都发生了翻天覆地的变化。

3. 青少年的上网活动多以网络娱乐为主

随着网络娱乐方式越来越多元化，我们选择娱乐的方式也变得多种多样。截至 2020 年 6 月，我国网络音乐用户规模达 6.39 亿，占网民整体的 68.0%；网络文学用户规模达 4.67 亿，占网民整体的 49.7%；网络游戏用户规模达 5.40 亿，占网民整体的 57.4%；网络视频用户规模达 8.88 亿，占网民整体的 94.5%；网络直播用户规模达 5.62 亿，占网民整体的 59.8%。

青少年是大众传媒受众者中最为特殊的一个群体，正处于儿童向成人的过渡时期，社会化过程尚未完成，世界观、人生观、价值观尚未定型，学习社会的各种价值规范和行为模式是我们的主要任务。青少年的思维方式和行为方式最显著的一个特点就是模仿。如果没有正确的引导，随时可能造成青少年心理朝着不健康的方向发展。为了让青少年在享受网络的同时健康成长，社会各方面也在努力营造更好的网络环境。比如，人民网联合十家大型游戏公司发起了《游戏适龄提示倡议》，"青少年防沉迷系统"也全面上线，政府颁布了《未成年人节目管理规定》等相关文件。

青少年是推动祖国发展的后备力量，充满朝气，前程远大，预示和

---

[1] 此数据截至 2020 年 6 月。

代表着祖国的未来、民族的希望。进入 21 世纪以来，人类的生活水平随着科技的飞速发展在不断提高，互联网作为一种新的传播载体，是人类社会进步的标志，具有开放度高、时效性强、交互性强等特点，给现代人的生活带来了重要影响。网络给人们带来很大便利的同时，它的负面影响也在慢慢侵蚀着人们的生活。反动、迷信、黄色等信息泛滥，网络犯罪、网络黑客等行为的出现，整日沉迷网络而忽略现实世界，使人情淡漠等情况令人担忧。我们的世界观、道德观、价值观都还处于不稳定阶段，网络给我们带来的负面影响将更为突出。因此，保证我们受到良好的网络知识教育和道德熏陶十分重要。

文明保卫战

故事中的例子告诉我们，青少年特别容易沉迷于网络，加之前期自身遇到烦恼或者问题无法向别人倾诉，以为"暴力"能够缓解这一切症状，就容易步入歧途。社会各界都在为青少年的健康成长做出努力，作为青少年的我们也应该努力做好分内之事。为此，文博士提出以下几点倡议：

1. 坚守"七条底线"

互联网不是法外之地，我们要自觉遵守法律法规底线、社会主义制度底线、国家利益底线、公民合法权益底线、社会公共秩序底线、道德风尚底线及信息真实性底线，自觉遵守国家有关互联网的法律、法规和政策，积极弘扬社会主义核心价值观，积极传播正能量。

2. 正确对待学校和家长的教育

在学校，我们应该遵守校规校纪，努力学习科学文化知识，科学运用课堂上学习的网络知识，帮助自己提高成绩。在家中，应该听从父母的教导，不背着父母偷偷上网，不出入网吧，不浏览不良信息，不沉迷于游戏。我们要努力成为老师的好学生、父母的好孩子，成为更好的自己，正确对待学校和家长的教育。

3. 抵制不文明的网络行为

我们要养成良好的上网习惯，提高自身修养，不信谣、不传谣，不发布、不转发未经证实的有可能会给社会或他人造成伤害的信息；坚决抵制有害身心健康的信息、图片、影音资料尤其是各类淫秽、低俗信息；坚决抵制与中华民族优秀传统文化和道德相违背的内容，坚决同网络违法活动做斗争。

4. 提高安全上网意识

我们要掌握必备的防护技能，要正确对待网络聊天，不随便约见网友，不随意打开不明网站，不轻易在网上透露个人及他人的隐私和重要身份信息，尽量不使用公共电脑处理重要资料，谨防因信息泄露造成不必要的损失。发现可疑情况要及时投诉或举报，自觉维护网络安全，争做互联网文明的守卫者。

5. 正确看待网络游戏等网络娱乐方式

随着互联网技术的蓬勃发展，网络娱乐的方式变得丰富起来。但是，很多新领域的发展还不够完善，不利于青少年身心健康成长的因素很多。比如网络游戏，现在大多数的网络游戏都是竞技类游戏，很多都充斥着暴力、色情，特别是一些游戏的情景设置严重违反规定，极容易诱使青少年犯下大错。另外，很多网络娱乐方式都需要充值、购买会员等，青少年财力有限，要正确看待这些网络娱乐方式。

6. 合理安排上网时间

我们要健康用网，理性用网，加强自律，不沉溺于虚拟时空，远离不良网络游戏，正确处理好上网与学习、生活的关系，以学习为重，利用网络资源学习有益知识，提升自身素质，塑造美好心灵，营造网络文明新风。

总而言之，我们要充分利用网络的优势，要做到文明上网，不浏览

不良信息，不光顾不文明网站；更要有节制地上网，科学安排作息时间，不沉溺于电脑游戏、网上聊天之中。

文明 小贴士

网络是一把"双刃剑"，它对青少年的影响既有积极的方面，也有消极的方面，两者都不容忽略。前面文博士分析了不文明上网对青少年产生的不利影响，那文明上网又能给我们带来哪些帮助呢？

1. 网络为我们提供了求知和学习的空间

网络虚拟课堂，目前已经成为一种新的教育模式，我们不仅可以通过网络及时了解学校的情况，而且还可以直接进行课程学习，直接和学校的老师进行交流，解答疑难，获取知识。诸多的网上教学资源，为我们的求知和学习提供了良好的途径和广阔的空间。青少年可以从现在起养成网上查找资料，网上听课，在网上和同学们交流学习经验、提出疑问等学习习惯，这对我们的终身学习都是有益处的。

2. 网络为我们获得各种信息提供了新的渠道

我们通过网络可以关注和了解家事、国事、天下事，令我们思维视野空前开阔。当前我们的关注点十分广泛，传统媒体已无法满足我们这么多的兴趣点，网络信息容量大的特点最大程度地满足了我们的需要，为我们提供了最丰富的信息资源。

3. 网络有助于扩宽我们的思路和视野

由于网络的包容性，网络环境和现实生活环境有着很大区别，在思考的过程中，我们不仅锻炼了自己独立思考问题的能力，还提高了分析问题和判断是非的能力；网络的互动性使我们可以通过聊天工具或论坛广交朋友，参与社会问题的讨论，发表观点，加强与同龄人之间的交流和沟通，增强社会参与度，开发我们内在的潜能。

4. 网络有助于我们不断提高自身技能

在网络上，我们几乎可以找到涉及人类生活的所有方面的各类信息，对能够熟练使用计算机的我们来说，网络是取之不尽、用之不竭、学之不完的知识宝库。当今世界，计算机技术和网络技术已经广泛应用于教育、商业、科技、国防等各个领域，可谓是无处不在，新世纪的发展要求已经把网络的应用作为一种基本的生存技能。随着科技的进步，人们的生活越来越离不开网络，它帮助人们解决了生活中的许多困难，我们也要把网络技术当作必须掌握的基本技能之一。

青少年是未来社会的主人，网络是未来世界发展不能缺少的工具，完全杜绝网上的垃圾和有害信息是不现实的，社会各界都在为我们创设一个健康向上的网络环境而努力，我们也应该尽自己的一份力，从自身做起，坚守《全国青少年互联网文明公约》，充分合理地利用网络，真正成为网络时代的生力军，成为维护互联网文明的守卫者！

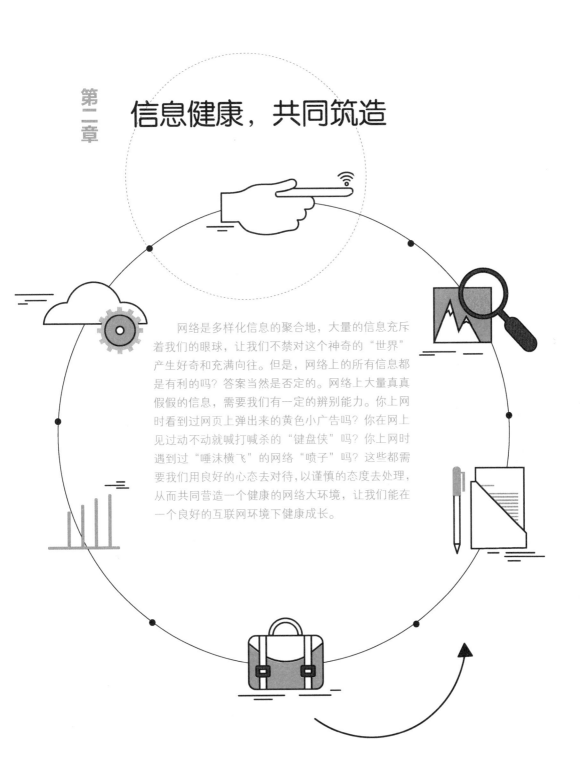

第二章

信息健康，共同筑造

　　网络是多样化信息的聚合地，大量的信息充斥着我们的眼球，让我们不禁对这个神奇的"世界"产生好奇和充满向往。但是，网络上的所有信息都是有利的吗？答案当然是否定的。网络上大量真真假假的信息，需要我们有一定的辨别能力。你上网时看到过网页上弹出来的黄色小广告吗？你在网上见过动不动就喊打喊杀的"键盘侠"吗？你上网时遇到过"唾沫横飞"的网络"喷子"吗？这些都需要我们用良好的心态去对待，以谨慎的态度去处理，从而共同营造一个健康的网络大环境，让我们能在一个良好的互联网环境下健康成长。

▶ 第一节　不良信息快走开

文明故事会

　　乐乐是一个活泼开朗、积极向上的男孩儿，刚上初二。这一天，和平常一样，乐乐开心地来到了学校，开始一天的快乐学习生活。

　　下午第一节课是体育课，同学们在老师的带领下集合完毕，之后是自由活动的时间。以往这个时候，乐乐都是和几个同学一起在操场上打篮球，今天也是如此。但刚要开始的时候，乐乐突然想起了自己的护腕忘记拿了，于是便飞奔回了教室。他回到教室后发现几个同学围在一起看同班同学伟伟手里的手机，大家看上去非常兴奋。这时候，本就爱热闹的乐乐凑了过去。

　　"你们在看什么呢？这么起劲儿。"乐乐问道。

　　"快来看，这个影片可好看了！"伟伟转过头来招呼乐乐和他们一起观看。

　　于是乐乐兴致勃勃地跑过去跟着看了起来。

　　"咦，这电影怎么不对劲儿啊？"乐乐看了几十秒后想到，"怎么是……"乐乐的脸突然涨红了，原来几个同学是在看色情视频。

乐乐突然退后几步，对着几个同学大声说道："你们怎么能在教室看这种东西！"

"别假正经了，这有什么啊！"其中一个叫毛毛的男同学不屑地瞟了乐乐一眼，继续转过头去观看。

"哎呀，乐乐，大家都是男生，这有什么！况且这部电影是最近网上刚出的，火着呢！好多人想看还找不到资源，我费了好大劲儿才找到。"伟伟说道。

"没事儿，你不看就走开，不要打扰我们。"其他几个男同学也开始不耐烦了。

这时候，乐乐的脸已经憋成了一个红苹果，一边是看着让他难为情的电影，一边是大家对他不耐烦的话语，犹豫了几秒后，乐乐转身走向了操场……

文博士 课堂

其实在我们身边故事中出现的情况并不少见，由于网络的开放性和便捷性，使我们有更多的途径和更大的概率接触到网络上的色情及低俗视频。相对成年人而言，青少年是受到这些信息危害最大的潜在群体。为什么这样说呢？网络低俗信息到底对我们的心理有哪些危害呢？下面就跟着文博士一起来探寻答案吧！

1. 网络色情及低俗信息钻了我们认知能力相对较弱的空子

青少年具有强烈的好奇心与求知欲，但由于其身心发育还不成熟，以及人生阅历较浅，认知、思维能力与成年人相比，还相对较弱。有时不免会把某些色情和低俗行为当成时尚而在同伴中炫耀，这不仅不利于自身健康成长，还会给身边的伙伴带来不利影响。有时，我们会迷失现实与虚拟的界线，在心理上，失去危害行为的警戒线，甚至在危害自身健康的同时引发犯罪行为。

知识万花筒

逆反期：青少年正处于心理的过渡期，其独立意识和自我意识日益增强，迫切希望摆脱成人（尤其是父母）的监护。青少年反对父母把自己当小孩，而以成人自居。为了表现自己的"非凡"，逆反期的青少年会对任何事物都带有一种批判的态度。叛逆心理虽然说不上是一种非健康的心理，但是当它反应强烈时却是一种反常的心理。

2. 网络色情及低俗信息迎合了我们逆反期的独立意识

我们的独立意识逐渐增强，又正值"第二逆反期"，网络上一些不被允许的行为正好迎合了其反叛、追求个性的要求。事实上，低俗信息通常与传统的价值观相违背，且比较刺激，因此即使知道某些信息会对其产生不良影响，但为了彰显自己的独立性，引起更多的关注，有时还是会沉溺其中，从而习得混乱的价值观，并对不良行为失去判断力。

3. 网络色情及低俗信息异化了我们的成人感

处于青春发育期的我们体验着身体外形的巨变、体能的增强、性器官及其机能的逐渐成熟，加上智力的飞跃发展，使我们认为自己"已经长大成人"，并迫切希望得到成年人的认同，如表现得关注成年人的信息，甚至在对结果估计不足之前已接受并模仿成年人的行为。网络中黄色、暴力等信息给我们以"成人化"的误导，容易诱发我们盲目模仿，严重者甚至会导致违法犯罪。

4. 网络色情及低俗信息误导我们的性能量

由于性器官及其机能的逐渐成熟，我们正处于性心理发育的关键时期。身体的发育使我们对于性充满好奇和渴望，而网络中的低俗内容往往扭曲、夸大人类性行为，传播着不科学的性信息，可能诱使我们发生性过失的行为，这会影响我

们在恋爱、婚姻中的性心理健康。

 文明保卫战

故事中的例子告诉我们，青少年在成长过程中之所以想要去浏览色情及低俗信息，很大一部分原因是处于性懵懂期，想要去了解，但又不知道通过什么样的方式去了解。当我们在网络中与性信息"不期而遇"，或者因为好奇而自发地搜集性信息时，应该怎么做呢？在这里，文博士要给大家支支招。

1. 以正确的心态对待网络中的性问题

我们不应该将网络中的色情及低俗信息作为了解性问题的途径，更不应该将这些信息作为娱乐或消遣的方式。我们在遇到这方面的问题时，应该端正自己的态度，做到坚决抵制，绝不传播。

2. 自觉抵制网络色情和低俗信息

有时网络上会弹出一些内容低俗的信息，这时候，我们要具有一定的辨别能力，学会保护自己，主动关闭这些内容的页面。如果是使用电脑上网，可以给电脑设置防火墙，以防止这些信息的再次侵袭；如果是使用手机上网，也可以安装一些防护软件，避免受不良信息的侵蚀。

3. 向网络管理机构举报色情及低俗信息

在上网时，如若浏览到或者被强行推送低俗信息，不要因为好奇而随意浏览。作为互联网文明的守卫者，此时我们应该向网络管理部门举报，很多新闻网站都设有"网络有害信息举报专区"，这不仅能维护自身权益，也能为构建良好的网络信息环境贡献自己的一份力量。

4. 劝导身边的同学和朋友也要远离网络色情和低俗信息

青少年大多喜欢扎堆玩耍，很容易受到同龄人的影响，我们要用行动去影响身边的同龄人，共同营造一个良好的、健康的网络环境。

文明 小贴士

互联网上充斥着大量形形色色的信息，网络推送的信息内容不是我们所能控制的，那么，面对这一情况，我们应该怎么做呢？

1. 不要因为好奇心胡乱浏览信息

如果出现低俗信息页面，一定不能去点击，要将页面关闭。不要购买、借阅内容不健康的书刊、报纸、光碟等类型的出版物。

2. 不要收看低级趣味的内容

我们要拒绝低级趣味的电视节目、电影，更不要在电脑上查看色情、淫秽的内容。不要觉得自己长大了，就去碰触一些禁区，去追求与成年人的"平等"，因为我们的心理承受能力和生活阅历与成年人完全不一样。

3. 不拨打国外、境外或某些不健康信息平台所提供的色情服务电话

除了自己不浏览观看网络低俗信息以外，也不能像故事主人公乐乐的同学那样，主动向周围的人传播低俗信息。如果我们发现身边有这样的事情，应该坚决地去制止。

很多青少年之所以浏览低俗信息，一是因为好奇，二是因为自身兴趣爱好较少，闲暇时间较充足。我们应该培养一些有益的兴趣爱好，不要将自己的心思都放在网络上。

我们作为祖国的未来和民族的希望，应该从自身做起，努力抵制网络上的不良信息，为自己创造一个良好的网络环境。

第二节　一言不合就开掐

文明故事会

初中女孩倩倩最近喜欢上了逛微博。倩倩平日里比较喜欢追星，自从学会了逛微博以后，她发现自己能够在微博上了解很多明星的动态，偶尔自己也会去留言评论。

这个周末，做完作业以后，倩倩拿出了手机，习惯性地打开了微博，浏览她所关注的一批明星的动态，看看最近有什么新鲜事。在浏览的过程中，她看到了某明星晒出了一张度假照片，于是倩倩就在该条微博下留言："这套衣服不衬肤色，不太适合。"发出这条留言，她便退出了微博。

过了两天后，倩倩又打开了微博，评论里的上百条回复顿时映入她的眼帘。她感到有些诧异，点开了评论。让她意想不到的是，她的留言引发了一场谩骂。

"你算什么东西，敢这样评论×××（明星）！"

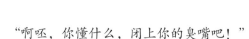

"啊呸，你懂什么，闭上你的臭嘴吧！"

"其实我很好奇的是你每天穿得有多衬你的肤色，嘻嘻！"

"无图无真相，放张你的照片看看呗！"

"你是想出名吧，是想炒作自己吧！"

…………

一条条回复像刺一样锥在了倩倩的心上，她感到非常难过。她没有想到一句无心的话竟然让自己成为众矢之的，让自己遭受了这么多的网络暴力。

"我真的做错了吗？明星把照片放到网络上，不就是让大家评论的吗？况且我也没说什么坏话呀！"几天后，实在觉得委屈的倩倩将这件事告诉了父母。

妈妈打开了倩倩评论的那条微博，浏览过后告诉倩倩："倩倩你看，这些用言语攻击你的人肯定是一些非常喜欢这个明星的粉丝，他们维护自己的偶像的心是好的，但是用过度的语言去攻击别人就是一件非常不好的事情，你也要从这件事当中吸取一定的教训，以后既要做到规范自己的言语，也千万不要像他们一样在网上用语言去伤害他人。还有你看，除了这些伤害你、攻击你的语言以外，其实还是有人在维护你的。"

听完妈妈的话，倩倩一看，果然看到一些评论是在为她打抱不平的：

"人家不过是说了一句不太适合，又没说其他什么，有必要这样攻击吗？"

"每个人都有自由表达的权利，况且这样的自由并不是在攻击他人，希望大家说话还是要留有余地。"

"美女，别往心里去，这些人就是瞎起哄。"

看到这里，其实倩倩心里已经释然了。

文博士课堂

很庆幸的是，故事中的倩倩没有因为此事受到太多的困扰，也没有做出过激的回应。但是，我们从故事中可以看到，当倩倩因为微博上的回复而感到不知所措时，有很多的网友用热心、爱心开导了她。但是，我们同样也看到了，有一部分人用网络语言暴力使倩倩受到了不小的伤害。为什么网络暴力会对青少年造成危害呢？

文博士想要告诉大家的是，青少年是处于一个特殊年龄阶段的群体，心智尚未成熟，敏感、脆弱、易接受新鲜事物，当其遇到网络暴力时，也会放大网络暴力所带来的危害。总的说来，这些危害主要集中在以下几个方面：

1. 网络暴力让我们失去应有的判断力和思考力

网络世界是一个信息量庞大且繁杂的地方，我们在网络中要面对大量真假难辨的信息：文字、图画、视频等大量涌现淹没了人们的思想，我们经常在还未了解事情的来龙去脉、是非善恶的情况下，大量的暴力语言环境就已经推动我们的主观意识形成。这些激烈的言论所持有的立场或者是选择的表达方式很可能会对我们造成一定的误导，我们来不及冷静思考，更来不及核查信息，就随波逐流地做出自己的判断，伤害他人的同时也伤害了自己，还容易造成严重的后果和不可估量的损失。

2. 网络暴力会揭露我们的隐私，伤害我们的自尊心

网络暴力并非只是在网络上进行激烈的谩骂和侮辱，在这些谩骂的背后，通常还伴随着对被骂人隐私的泄露。一方面，我们在上网时，更多的时候都以匿名的方式，一旦遭遇网络暴力真实信息被暴露，再加上我们脆弱、敏感的心理特征，会极大地伤害我们，甚至会造成一些严重的后果。

另一方面，如果作为青少年的我们成为网络暴力行为发起者或参与者，显然网络暴力已经使我们失去了尊重他人的意识，让我们失去了对弱者的同情，甚至觉得生活中充满了恶意，这对于我们的身心成长极其不利。

3. 网络暴力容易让我们做出过激行为

当我们遭遇网络暴力而无法找到一个正确面对和化解的办法时，容易产生一些错误的想法，例如仇视这个社会，变得心灰意冷，甚至做出

一些伤害自己或他人的过激行为。

在这个缤纷的网络世界中，我们可以学到很多书本上没有的知识，也可以足不出户就开阔我们的视野，但是，网络中存在的暴力也是我们必须要加以防范的。如何面对网络暴力，成为青少年一门重要的必修课。

文明保卫战

我们刚刚谈到了网络暴力会对青少年造成什么样的危害和带来什么样的影响，因此在这里，文博士要告诫大家，我们在遭遇网络暴力的时候，绝对不能被动地让自己成为一名受害者，更要避免自己成为网络暴力的传播者。为避免遭遇网络暴力，文博士对大家有以下几点建议。

1. 在网络上尽量不泄露自己的个人信息

在网络上少泄露自己的个人信息，这是减少网络暴力最直接和最根本的方式。我们在网络上发布的照片、地址、电话、联系方式等，这些都有可能让我们成为网络暴力者攻击的突破口。个人信息在网络上越少泄露、越少让陌生人掌握到，就越能从源头上有效地避免网络暴力，即使遭遇了，也不会造成太大的打击。

2. 忽略它

直接阻隔信息渠道，尽量避免去看一些负面评论。比如有些明星关掉自己的评论区，或者开了评论区但根本不看，这就很好地阻隔了自己的视线。我们在遭受一些网络暴力时，完全可以采取不理会的方式，自动忽略掉它。

3. 练就强大的心理承受力

我们之所以会受到网络暴力之害，原因之一就是自己的内心承受能力太弱。我们要学会与"喷子"博弈，要做到这点就必须明白，"你才是最终掌控者，没有人能影响你的情绪"。当然，我们也不要让自己成为"喷子"，首先要做好自己。

4. 告知家长和老师，严重时可利用法律途径维护权益

如果我们遭遇了网络暴力或者看到身边的人在遭受网络暴力，一定不能忍气吞声，委曲求全，这样不仅不会减少伤害，反而会让施暴者更加肆无忌惮，为所欲为。所以，当碰到网络暴力时，我们最好向家长或老师求助，让他们做我们的保护伞，一同抵抗网络暴力。要相信，家长和老师的方法肯定比我们更多、更有效。

文明 小贴士

中国社会科学院和社会科学文献出版社在北京发布了《社会蓝皮书：2019 年中国社会形势分析与预测》蓝皮书。蓝皮书指出，青少年在上网过程中遇到过暴力辱骂信息的比例为 28.89%。首先，暴力辱骂以"网络嘲笑和讽刺"及"辱骂或者用带有侮辱性的词汇"居多，分别为 74.71%和 77.01%；其次恶意图片或者动态图为 53.87%，语言或者文字上的恐吓为 45.49%。

青少年遭遇暴力的最主要场景首先是社交软件，为 68.48%；其次是网络社区，为 55.30%；在短视频、新闻及留言处遇到暴力辱骂信息的比例也很高，分别为 30.66% 和 30.16%。

所以，对待网络暴力，我们应遵循以下几点原则。

1. 伤害他人的言论，发送前请三思

控制自己的情绪。当我们非常生气或者情绪激动得想要利用网络向某人发送信息时，请冷静 5 秒钟并思考：这条信息会不会造成不可估量和不可挽回的损失或伤害？这条信息的送达会不会让你产生后悔的情绪？然后再认真地做决定。如果我们都能够做到这一点，这会大大减少网络暴力。

2. 不做网络暴力的跟随者和传播者

网络的发达让我们的沟通越来越便捷，但是所付出代价也越来越大。海量的信息让我们来不及思考，更不会花费精力去核实消息的准确性，大量转发都是在不经思考的情况下进行的，很多时候我们都不知道自己的无意之举也许会毁了一个人。所以，我们要避免网络暴力的不良影响，一定不能成为网络暴力的追随者，更不能成为网络暴力的传播者。

3. 为人处世谦虚低调

很多网络暴力往往源自于现实社会，因此，我们在现实社会中应该低调为人，平和处世，不授他人以网络攻击的把柄，这样就算偶尔有人存心找茬，我们也不至于被攻击。

网络暴力在全世界都普遍存在，一定要尽我们的努力去阻止它的滋长，从自身做起，决不做网络暴力的发起者和传播者；在遭受网络暴力时不要"以牙还牙"，而是学会用正确的方法保护自己。

▶ 第三节 "反正我是信了"

　　未成年人许许与卢卢共谋利用网络诈骗他人钱财，由卢卢提供笔记本电脑、银行卡等作案工具，并租赁某酒店式公寓等处作为诈骗窝点，许许负责在婚恋网站诱骗女性被害人投资彩票并实施诈骗。

　　同时，许许在某婚恋网站上搭识 25 岁的苏苏，经过一段时间的哄骗之后，许许获得了苏苏的信任，并谎称他是澳门一家彩票公司的主管，自己手里有彩票内幕消息，可以透露给苏苏，帮助苏苏"小钱赚大钱"。苏苏还真的相信了，还用许许告知的内幕消息投注了人民币 1 万元。随后，卢卢以彩票公司经理的身份打电话通知苏苏中奖人民币 278 万元，并以需缴纳银行开户费等为由，骗取苏苏汇款人民币 6 万元。同月 18 日，卢卢又冒充香港金融管理局的工作人员联系苏苏，以苏苏的奖金被香港金融管理局冻结，需要解冻费用等为由，骗取苏苏再次汇款人民币 8 万元。

当苏苏把钱汇过去后许久没有回音，才意识到自己被骗，并报了警。

不久，警方就侦破了案件，逮捕了许许和卢卢。许许伙同他人以非法占有为目的，采用虚构事实、隐瞒真相的方法，骗取他人人民币共 15 万元，数额巨大，其行为已构成诈骗罪。最后两人都受到了相应的惩罚。

事后，许许和卢卢后悔不已，表示自己以后一定好好学习，不再钻网络的空子，坚决维护网络文明。但是，惩罚肯定是逃不掉的。

文博士 课堂

故事中的许许和卢卢是未满 18 周岁的未成年人，但他们就已经知道了如何利用网络去"骗钱"。那么，为什么现在很多人利用网络进行诈骗呢？下面，文博士就跟大家讲讲其中的原因。

网络科技日新月异，故事中不法分子的诈骗手段也"与时俱进"，不断翻新，并日益集团化、职业化，往往令人防不胜防。那么，网络诈骗为何会受到诈骗者的"青睐"呢？

1. 低成本赚大钱

仅需一台连接互联网的电脑，制作设置钓鱼网站和在互联网上发布虚假信息，即可完成诈骗的前期准备。利用现代网络和移动通信，猎取物色的诈骗对象不计其数，积少成多的诈骗收益往往让不法之徒不择手段。而目前多数小额网络诈骗侦破率极低，司法手段很难有效及时打击该类行为，导致诈骗嫌疑人无视法律，疯狂作案。

2. 摇一摇就能摇到"摇钱树"

微信、QQ 等自媒体软件开发了诸如"摇一摇""扫一扫""查找附近的人""漂流瓶""和

知识万花筒

自媒体：自媒体（We Media）又称"公民媒体"或"个人媒体"，是指私人化、平民化、普泛化、自主化的传播者，以现代化、电子化的手段，向不特定的大多数人或者特定的单个人传递规范性及非规范性信息的新媒体的总称。自媒体平台有微博、微信、百度官方贴吧、网上论坛等网络社区。

陌生人说话"等新功能，通过晃动手机或者"拣起一个瓶子"就能进行在线即时交友聊天，简单一个"打招呼"能使自己成为对方的好友，在聊天交友的同时，也可以浏览对方的个人信息、照片，在虚拟世界中就可以轻而易举地掌握对方的信息，为行骗做好铺垫。

3. 编个身份，"让你找不到我"

自媒体软件大多采用非实名制登记，对用户注册没有太多限制，以身试法的青少年往往用他人或虚假信息进行多次注册，在实施违法犯罪行为后采取注销或丢弃 SIM 卡的方式逃匿，并更换身份继续作案，给公安机关的案件侦破工作带来很大的难度。网络诈骗犯借助现代互联网和通信设施实施诈骗，大大突破了传统空间和时间的限制，诈骗地域分布广泛。碎片化的地域分布特征增强了诈骗的非接触性，诈骗嫌疑人和受害者存在极少的交流，受害人甚至对诈骗嫌疑人的真实情况一无所知，能知道的仅仅是对方的虚拟姓名、身份、地址、联系方式，这都给侦查工作带来了极大的难度。

文明保卫战

这个故事为我们敲响了警钟：我们绝对不能跨越法律的边界，成为网络诈骗者。同时，文博士提醒大家，为了防止青少年朋友们遭受网络诈骗，请大家一定要用心地记下以下的几条"防骗宝典"。

1. 不盲目相信网络信息

网络上的信息千千万万、千变万化，任何人都可以利用网络发布任何信息。所以，网络上的信息存在各种可能性。如果我们对网络上的信息都深信不疑，这是非常危险的。我们必须提高甄别信息真伪的意识，避免上当受骗。

2. 不轻易访问和转发未经官方途径或权威媒体证实的信息

对于网络信息，文博士认为，我们不仅要多留一个"心眼"，还不能轻易访问和转发未经官方途径或权威媒体证实的信息。这样可以遏制

第二章 信息健康，共同筑造

知识万花筒

媒介素养：是指人们面对媒介呈现的各种信息时的选择能力、理解能力、质疑能力、评估能力、创造和生产能力，以及思辨的反应能力。媒介素养是传统文化素养的延伸，它包括人们对各种信息的解读能力，除了现在拥有的听、说、读、写诸能力之外，还应具有批判性地接收和解码影视、广播、网络、报刊与广告等媒介信息的能力，以及使用电脑、电视、照相机、录音机、录像机等广泛的信息技术来制作、传播信息的能力。

这些信息在你的手中继续扩散和传播。

3. 不贪图小便宜，不轻易在网络上进行钱财交易

网络上受骗的事情时有发生，而涉及钱财方面的骗局更是数不胜数。我们经常都会看到受害者被骗的消息和新闻，但仍然会有许多被骗的真实案例，这是为什么呢？其实说到底，网络诈骗之所以成功率很高，犯罪分子就是利用了我们贪图便宜的心理。所以，必须引起我们高度重视，不贪小便宜，也就不会被人占大便宜！

4. 有意识地提高自身的网络媒介素养

网络媒介素养主要是指对于网络媒介上的一些信息要进行理智的选择、正确的理解、科学的质疑，并且要具备一定的评估能力。同时，具备制作和生产媒介信息的能力。重点是培养人们对媒体本质、媒体常用的手段及这些手段所产生效应的认知力和判断力。所以，我们要不断加强自身的学习，让自己具备一定的网络媒介素养。

5. 遭遇网络诈骗后一定要利用合法途径维护权益

如果我们不慎遭遇了网络诈骗，一定要及时告诉家长或老师，相信他们会有更好的方法帮助我们。有必要时，学会利用法律武器捍卫自己的权益，让网络诈骗者受到应有的惩罚。

"钓鱼网站"是网络诈骗的主要途径，所以"网络钓鱼"是网络诈骗的一种形式。这是一种利用欺骗性的电子邮件和伪造的互联网网站进行的诈骗，以获得受骗者财务信息进而盗窃资金。下面，文博士就给大

家普及一下"网络钓鱼"的作案手法。

1. 发送电子邮件，以虚假信息引诱用户中圈套

不法分子大量发送欺诈性电子邮件，邮件多以中奖、顾问、对账等内容引诱用户在邮件中填入金融账号和密码，或是以各种紧迫的理由要求收件人登录某网页提交用户名、密码、身份证号、信用卡号等信息，继而盗窃用户资金。

2. 建立假冒网站骗取用户账号、密码实施盗窃

不法分子建立与真正的网上银行系统、网上证券交易平台极为相似的网站，引诱受骗者输入账号、密码等信息，进而盗窃用户资金。

3. 利用虚假的电子商务进行诈骗

不法分子在知名电子商务网站发布虚假信息，以所谓"超低价""免税""走私货""慈善义卖"等名义出售商品，要求受骗者先行支付货款从而达到诈骗的目的。

4. 利用"木马"和"黑客"技术窃取用户信息

不法分子在发送的电子邮件中或在网站中隐藏"木马"程序，用户在感染"木马"的计算机上进行网上交易时，"木马"程序即以键盘记录方式获取用户账号和密码。

5. 网址诈骗

不法分子设计的诈骗网站网址与正规网站网址极其相似，往往只有一个字母的差异，不仔细辨别很难发现。当用户登录虚假网站进行操作时，

其财务信息即被泄露。

6. 破解用户"弱口令"窃取资金

不法分子利用部分用户贪图方便、在网上银行设置"弱口令"的漏洞，从网上搜寻到银行储蓄卡卡号，进而登录该银行网上银行，破解"弱口令"。

7. 手机短信诈骗

由储存手机号码的电脑控制的手机短信"群发器"发出大量虚假信息，以"中奖""退税""投资咨询"等名义诱骗受骗者实施汇款、转账等操作。

上网时一定要保护好自己的隐私，不要轻易泄露自己的账户信息，更不要相信任何"中奖"的虚假信息，毕竟天上是不会掉馅饼的！

知识万花筒

弱口令：指仅包含简单数字和字母的口令，例如"123""abc"等，因为这样的口令很容易被别人破解，从而使用户的账户面临风险，因此不推荐用户使用。

第四节　挑战老师的火眼金睛

　　丁丁是一名初三学生，由于面临升学压力，每天都是早出晚归。成堆的习题和试卷，紧张快速的课堂节奏，这样高强度的学习生活让刚进入初三的丁丁感到非常不适应。

　　第一次月考成绩下来，丁丁大受打击，情绪非常失落和沮丧。以前怎么也是年级前100名的成绩，才进初三一个月时间，就变成年级325名。成绩直线下滑也就罢了，最让丁丁不能接受的是，初三以后，他就再也没有时间来练习自己一直热爱的架子鼓了。要知道，为了学习架子鼓，丁丁跟妈妈把嘴皮子都磨破了，为此，他也付出了许多代价。这一切的一切，都不是丁丁原来畅想的初三的样子。

　　好不容易临近寒假了，丁丁早早地就央求父母带他出去旅行，而爸爸妈妈也开出了旅行的条件，首先需要丁丁完成他的寒假作业并给他们检查，其次要让丁丁在假期里不能睡懒觉，完成这两个条件后才能带他出去旅行。这下丁丁可犯难了，不睡懒觉倒是可以，但是完成寒假作业可就不容易了。因为寒假作业实在是太多了，根本就不可能在短时间内完成。"这下该怎么办呢？"丁丁急得像热锅上的蚂蚁。同桌乐乐看到丁丁这两天闷闷不乐，就问他怎么了，丁丁就把这个烦恼原原本本地告诉了乐乐。乐乐听完后，大笑道：

以后不要代写作业了

"这下你可算是问对人了。"接着他对着丁丁露出了神秘的微笑，"别担心，你乐哥我有办法。"

自从用了同桌乐乐的办法以后，丁丁解决了自己最大的烦恼，顺利地完成了寒假作业，也实现了他梦寐以求的寒假旅行，跟着爸爸妈妈出去旅游了一圈，寒假过得非常快乐。可是正当他为自己的这点儿小聪明暗自窃喜时，没料到，开学第一周，班主任赵老师就给丁丁的妈妈打了电话，告诉了丁丁妈妈寒假作业不是丁丁自己做的，并且要求丁丁妈妈去学校协助老师了解一下情况。原来，乐乐告诉丁丁的办法就是去网上找人代写作业，只要付钱，什么作业都能够很快搞定。丁丁原本以为万无一失，可还是没有逃过老师的"火眼金睛"。事后，丁丁在老师和父母的教育下不仅认识到了问题的严重性，他还带着乐乐一起向老师承认了错误，乐乐也意识到了他不应该找代写，更不应该教丁丁也跟着犯错。

文博士 课堂

像丁丁这样在网上找代写假期作业的案例并不少见。抄写一页作业，收费4元；作文每600字，收费10元；每份试卷最低10元……代写假期作业可以像商品一样在网上购买，这本身也不是一个新鲜话题。那么，究竟是什么原因让"代写"闯进了我们的生活，而且还一发不可收拾呢？

1. "代写"的出现源于我们的惰性

在这个年龄段的孩子或多或少都会贪玩，每次都觉得时间还早，可以再玩一会儿再写作业，可玩着玩着就忘了时间，因此便会萌生了找人代写的想法。

2. 学业压力过大

有的学校学习负担比较重，甚至有家长在网上表示"孩子作业太多，别说玩的时间没有，就连睡觉都得争分夺秒，天天都要熬夜，看着都非常心疼"，但这也绝对不能成为找人代写作业的理由。作为学生，学习就是他们的天职，就算是上课外补习或者兴趣班，也不能耽误自己做学校作业的时间。

3. 对写作业有抵触心理

有一部分同学觉得时间不应该"浪费"在写作业上面，对写作业有一种抵触心理，自然而然就会花钱找人代写，解决自己不愿意做的事情。

4. 作业难，不会做

有一部分同学，不专心学习，学习出现困难，为了向老师交差，就只有找人代写，这样作业代写就成了这部分同学的"宠儿"。不但自己不用写作业，还会被老师表扬作业写得好。可是自己学习中的困难永远无法解决，只会越来越多。

5. 没有制订好的学习计划

有些同学写作业要写到深夜，并不是因为作业太多，也不是因为没有学懂，而是缺乏好的学习计划。我们应该有计划、有步骤地去完成作业。特别是在寒暑假的前一两个晚上，"赶作业"成了常态。如果我们能拟订好学习计划，那写作业对我们来说根本不是难以完成的任务，更不会有找人代写的想法。

6. 作业要求越来越个性化

我们学习的科目很多，大部分科目都会有家庭作业，而且现在的家庭作业要求也越来越个性化，比如作文、读后感、实验报告、手抄画报等，有些还需要与家长一起完成，拍摄作业视频。每一门作业可能都要花上较长的时间才能完成，这也是找人代写的原因之一。

7. 有自己的小金库

相较于每天花好几个小时完成家庭作业，部分同学拥有自己的小金库，再加上父母因为工作关系缺少监管，我们更愿意花钱找人代写。

我们的学习是充满压力的，特别是面对累积如山的作业、不停的考试、老师的念叨和家长的焦急，会使我们产生害怕学习，甚至讨厌学习的情绪。毫无疑问，学习是辛苦的，但是学习绝不能依靠现在的网络去投机取巧。

"代写"闯进了我们的生活令我们匪夷所思，到如今可以说是越演越烈。那它对我们到底有什么危害呢？

1. "代写"会滋长我们的懒惰情绪

贪玩在我们这个年龄段孩子的身上都会出现，如果因为自己的贪玩和懒惰找人代写作业，这样只会越来越滋长我们的惰性，"反正拿钱就能让别人帮我解决问题"的想法会越来越根植于我们心中，随后导致一系列的问题产生。

2. "代写"有损我们的信誉

在网络寻求代写作业这样的事情看似稀疏平常，实则会对我们的信誉造成极大的损害。先不说作业负担的多少及代写质量的好坏，找代写来完成自己的作业，这一行为本身就是对别人的欺骗，是不诚信的表现。此外，作业本来也是对我们在课堂所学知识的检测和巩固，我们必须要端正自己的态度，然后再谈如何保质保量地完成作业。

3. "代写"会造成我们的学习"假象"，对学习毫无帮助

从一定视角看，代写作业只是一种投机取巧的行为而已。它正好抓住了当前我们所面临的课业负担相对较重的现实顺势而为。代写作业会给老师造成一种我们对知识掌握得很好的假象，并不能真正让我们学到知识和解决问题；还会让老师误以为作业布置得并不算太多，认为我们完全可以消化，从而会增大作业量。代写作业其实就是出了钱还将自己

的未来搭进去的"赔本生意"。因此,代写作业的现象必须要彻底根除。

更令人忧心的是,目前代写作业已经形成了一条产业链,正在快速蔓延。所以,斩断这一奇葩产业链乃是当务之急。对此,我们一定要加强自身的学习,自觉抵制代写作业。

文明小贴士

一边是网络上的"代写作业"信息,一边是堆积的作业和题海,如果你是故事中的主人公,你会怎么做?是选择像故事中的丁丁一样寻找"代写",还是拒绝诱惑,做一个诚实守信的人?作为青少年的我们应该何去何从?

在文博士看来,其实拒绝"代写"诱惑非常简单,只需要我们做到以下几点:

1. 端正思想,正视作业

作为一名学生,我们首先应该明白,作业并不只是沉重的负担,它更代表着一种身份,一种责任。完成作业不仅能够检测自己对于老师所教授知识的掌握程度,而且能够随时提醒我们对于哪些知识点掌握得不够理想,从而督促我们对学习过程进行反思,进而寻找更好的学习方法。

2. 拒绝懒惰,抵制"代写"的诱惑

根据文博士的分析,大部分找"代写"的青少年朋友并非是自己真的不能完成作业要求,而是出于偷懒的心理,不想完成作业。所以,当我们产生了一种懒惰心理的时候也是意志力非常脆弱的时候,在遇到网络"代写"信息时,自然也就无法抵挡。所以,我们应该端正对待作业的态度,拒绝懒惰,这样才能抵制"代写"的诱惑。

3. 在完成作业的过程中寻找满足感

其实,我们可以把保质保量地完成作业当成一种挑战,在遇到难题时,通过不断的努力寻找答案或是求助他人来解决问题,在这个过程中得到

满足感。这时我们会发现，作业并不只是一种负担，它还能够磨炼我们的意志，提升我们的自信心。

4. 适当放松，给自己减压

除了完成作业以外，我们也要学会放松。作业是我们成长过程中必不可少的一部分，但并不是全部。在这个充满压力的年代，青少年除了要搞好成绩之外，课外的休闲活动对我们的身心健康发展也是很重要的。所以，我们可以利用课余时间听歌、旅游，或者看看自己喜欢的电视剧，劳逸结合，这样能起到事半功倍的效果。

我们应该都听过《凿壁借光》《铁杵成针》的故事。古人在艰苦的环境下尚且能发奋图强，努力学习，我们在如此安逸的环境中自然也不能懈怠。因此，我们提倡"自己动手，消除代写"的行为，用自己的实际行动净化网络环境，捍卫互联网文明。

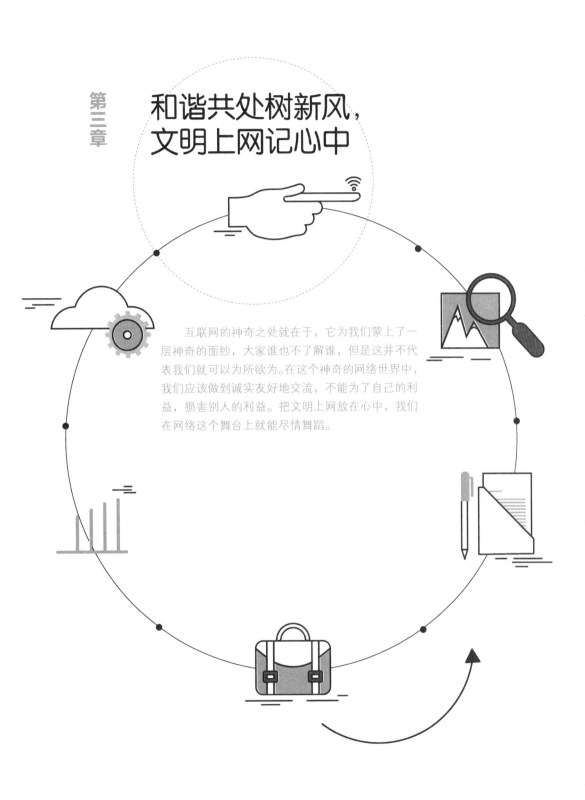

第三章

和谐共处树新风，
文明上网记心中

互联网的神奇之处就在于，它为我们蒙上了一层神奇的面纱，大家谁也不了解谁，但是这并不代表我们就可以为所欲为。在这个神奇的网络世界中，我们应该做到诚实友好地交流，不能为了自己的利益，损害别人的利益。把文明上网放在心中，我们在网络这个舞台上就能尽情舞蹈。

▶ 第一节　己所不欲，勿施于人

文明故事会

"上路需要支援""中路需要支援"

"小龙刷了，赶快打小龙"

"好，大家准备团战"

"先杀对面 adc"……

壮壮是一个脑筋灵活、反应特别快的男孩儿，刚刚过完 14 岁的生日。他的学习成绩虽然不是名列前茅，但在班里也处于中上等

水平。平时除了爱好打篮球以外，还喜欢窝在家里或者去网吧打游戏，最近又迷上了一款很火的游戏"英雄联盟"。一开始只是班上少数几个男生在一起讨论这款游戏，紧接着有越来越多的同学都迷上了这款游戏，最后发展成了不仅几乎全班男同学都在玩，就连好多女同学也开始玩这个游戏了，每天在学校除了上课以外就是讨论打游戏，乐此不疲。刚放寒假，壮壮和几个同学就相约去网吧玩游戏。

今天的这场战争似乎异常激烈。

"真是白痴，只知道秀操作，被别人秀

了一脸。"壮壮在屏幕上愤怒地敲下这行字。

"有本事你自己上啊，自己不行还赖别人，我看你比白痴还白痴。"网名叫"东方之神"的队友回复道。

这下可惹恼了壮壮。两个人本来是队友，应该相互配合一起攻击"敌方"，这下倒好，他们越骂越起劲儿，而那个"东方之神"也干脆挂机了，这让壮壮他们输掉了比赛。

壮壮越想越生气，这时候，他对其他队友说："终于明白了什么叫'不怕神一样的对手，就怕猪一样的队友'这句话了，这个'东方之神'简直太过分了，不仅害我们输掉了比赛，态度还这么恶劣，我们非要给他一点儿教训看看，让这种败类永远退出'英雄联盟'。"

"好！""就是应该教训他！""这种人就不应该在游戏中出现！"大家异口同声地支持壮壮。

看到队友们如此给力，壮壮更有底气了，他迅速搜集了这个游戏里叫"东方之神"的玩家信息，将其所有信息悬挂在"英雄联盟"的评论区、"英雄联盟"贴吧等游戏网友最常聚集的网络社区，想要通过发动大家的力量，将这个"东方之神"给揪出来。没过多久，"东方之神"的个人基本信息，包括年龄、性别、所在城市、就读学校等被游戏玩家公布在了游戏贴吧里。原来这个"得罪"了壮壮的"东方之神"也只是一个和壮壮差不多年龄的男孩儿，公布了他的个人信息后，壮壮露出了得意的笑容，他在贴吧里回复道："叫你以后再敢出来害你的队友，哼！"紧接着，大家都开始对这个"东方之神"进行"口诛笔伐"，谩骂之声在游戏里滔滔不绝……

文博士课堂

故事中的主人公壮壮利用网络和网友的力量，发动了一起"人肉搜索"。文博士认为，"人肉搜索"其实是一个令人不寒而栗的词语，近年来经常出现在我国互联网世界里。

前些年，从"网络虐猫事件"到"很黄很暴力"事件，从女白领的

知识万花筒

人肉搜索：就是一种人工参与信息搜索的搜索机制。起先，它只是网友之间的一种"自娱自乐"：某人提出一个问题，并悬赏求助，其他网友为了"赏金"而迅速提供线索。然而近年来，由于大量网友自发参与，信息来源越来越多，信息梳理越来越快，这大大提高了搜索效率，网友们便有意识地以人肉搜索为工具求解某一热点事件背后的真相。

"死亡博客"到"赤裸特工"事件，成千上万的网民集体发起大规模的"人肉搜索"，在很短的时间内，就可以对这些事件的当事人进行"调查"和"审判"，结果往往是公布个人信息令其无所遁形，有时更伴随过激的攻击性言辞与行为，令这些被搜索的"对象"身心遭受创伤。在这些网民中，像壮壮这样的青少年的比例也是越来越大。

那么，这种不文明的"人肉搜索"会对社会带来什么危害呢？文博士就来给大家分析一下。

1. 超越道德和法律底线，侵犯我们的隐私

在大量"人肉搜索"事件当中，这些扮演着"网络侦探"角色的人已经超越了法律与道德的底线，侵犯当事人的隐私权，而"人肉搜索"带来的后果往往是威胁、中伤、暴露隐私等，对当事人造成严重精神伤害。该故事中被"人肉"的对象还只是一个孩子，世界观、人生观尚未成熟，仅仅因为某些话或某些事考虑欠周全，就沦为被"人肉搜索"的对象，个人信息被深度挖掘，并且在网络上公之于众，随之而来的是遭受肆意的攻击、侮辱，这种行为暴露了我国互联网文化某些漏洞，可能会引发一系列社会问题。

2. 违反社会正义

有的社会学家认为，进行"人肉搜索"的"网络侦探"往往是借着"行善和寻找真相"的名义去追究别人的过错，在这一过程中却越过了道德界限，其性质类似于"执行一种私刑"，这其实是一种违背社会正义的行为。

3. 不利于我们的身心健康

故事中的壮壮发动网友的力量利用了"人肉搜索"去搜寻他人信息

并曝光，对被曝光的那位青少年而言，壮壮及其他同伴侵犯了其隐私，这类似于游街示众，让他遭受到网络暴力，变得孤立无援，被羞辱、折磨和践踏，对其带来了巨大的伤害。

而对发起"人肉搜索"的壮壮而言，这是极其不理智的做法，也许之前壮壮遭遇了不公，也许他只是想讨回一个所谓的"公道"，也许是图一时之快，但是作为一名青少年，其身心还未成熟，滥用网络，长此以往，会致使他变得越来越缺乏同情心，渐渐成为一个冷漠自私、行为过激的人。如果我们都像壮壮一样，遇到事情就用非常极端和报复性的行为去解决，那么将会对整个社会造成严重的不良后果。

网络赋予了我们表达个人观点的权利，在享受这种权利的同时，我们不能忘记维护网络和谐、营造良好网络环境的义务。因此，文博士希望大家都应该以故事中的壮壮为戒，绝不能将开放的网络平台作为伤害他人的利器，更不能利用开放的网络平台做违反法律法规的事。

文明保卫战

那么，怎样在复杂多变的网络环境中防止被"人肉"，以及防止被"人肉"之后带来的伤害呢？下面文博士给大家支支妙招。

1. 不要只使用一个密码

当我们使用某一个服务时，服务密码不要和在这个服务里所留的E-mail密码一样。若账号被盗，我们找回密码发到邮箱时，就会发现很可能邮箱也已经被盗了。

2. 不要随便填写真实资料

可以不填写的地方尽量不填写，或者不要填写太多真实的信息在网上，这也是防止个人信息泄露的最好办法。

3.E-mail、手机号码不要随便公开

手机号码与真实的信息挂钩，少公开才是明智之举。而 E-mail 只

知识万花筒

Cookies：指某些网站为了辨别用户身份、进行 session 跟踪而储存在用户本地终端上的数据（通常经过加密）。具体而言就是指小量信息，由网络服务器发送出来以存储在网络浏览器上，从而帮助下次使用可直接从该浏览器读回此信息。

要公开，就可能被搜索引擎抓取，想要找出我们的个人信息也就轻而易举了。

4. 谨慎使用"记住密码"功能，随时清除"Cookies"

这一点在使用非个人电脑或者移动终端设备上网时要特别留心，否则我们的密码和浏览踪迹很容易就被他人发现并且利用。

5. 注册两个以上邮箱

用于和机器打交道的 E-mail 与用于和人打交道的 E-mail 要分开。我们可以申请一个专门用于注册的账号，这样可以最大限度保证邮箱的安全。

6. 不要一个昵称走遍网络世界

我们应该知道，如果在多个网站、论坛上使用同一个昵称，很容易被别人追踪。所以，在网络社交平台尽量使用不同的昵称。

7. 不要点击不明来历的网址

不要点击那些可疑的或者不清楚信息来源的网址，特别是那些无法判断安全性的网址。

如果遭遇了"人肉搜索"，千万不能隐忍退让、坐以待毙，当然也不要太过于极端地去抵抗，免得弄得两败俱伤。我们要懂得利用网络进行正当防卫，以及拿起法律的武器捍卫自己的权利。

文明小贴士

"人肉搜索"是触犯法律的行为，下面文博士就从法律的层面，给大家普及一下关于"人肉搜索"的法律事项。

1. 哪些属于个人隐私？

手机号码、健康资料、家庭住址等均为个人隐私。个人的手机号码、身份证号码等信息都属于隐私范畴，随意公布就构成侵犯隐私权。法律意义上的隐私，是指那些不为公众知晓、与公众无关的私人内容，包含"私人信息"和"私人活动"。

目前，还没有专门针对"人肉搜索"的法律规范，可参考的法律规定有《网络侵权司法解释》第十二条，自然人基因信息、病历资料、健康检查资料、犯罪记录、家庭住址、私人活动等个人隐私和其他个人信息都属于个人隐私。

2. 侵犯隐私权会受到什么处罚？

侵犯他人隐私的，依据损害程度可构成普通民事侵权和刑事诽谤罪。如果是民事侵权，涉嫌侵犯他人隐私的，依据被侵犯者的名誉和隐私损害程度酌定赔偿数额和公开道歉。如果构成侮辱、诽谤罪的最多可判处三年以下有期徒刑。

此外，《中华人民共和国侵权责任法》第三十六条规定，网络用户、网络服务提供者利用网络侵害他人民事权益的，应当承担侵权责任。

3. 遭人肉后维权难在哪儿？

第一大难点是责任主体、证据及侵权危害难以确定。找不到责任主体是维权过程中的最大难点。人肉搜索通过人传人的方式进行，很多人在短时间内互相暴露信息并通过网络技术把它们串联起来。涉及的责任主体较多，这也是网络侵权的特点。文博士认为，由于缺乏相关技术手段，一般网民无法查询 IP 地址，即使查询到也难以在第一时间锁定责任主体。

第二大难点是侵权证据难以确定。网络内容可以随时删除，因此在网络上追本溯源很困难，也难以找到首发的侵犯踪迹。尽管现在的网页快照可以保留删除一段时间内的内容，但人肉帖删除后还是给案件侦查带来困难。

通过文博士的分析，我们对"人肉搜索"这种不文明的网络行为有了一个更加清楚的认识。既然这种行为危害如此大，更破坏了互联网文明，那么我们就应该从自身做起，拒绝这种不文明的网络行为。

▶ ## 第二节　找个学习的小帮手

文明
故事会 --

　　枫枫自从上了初中以后，酷爱上网，已经到了无法自拔的地步。每天放学回家，第一件事就是打开电脑，开始他的"网络旅程"：打游戏、看电影、逛论坛、刷贴吧……那可是玩得不亦乐乎，最后到了就连吃晚饭都要守在电脑旁的地步，他的成绩一落千丈。

　　父母为此可急坏了，后来特意为他找了一名心理医生。经过心理医生一段时间的开导和治疗，枫枫开始有了转变。他明白了网络世界就像五彩缤纷的万花筒，里面充满了各式各样的诱惑，是看不尽也玩儿不完的。就像电子鸦片一样让中学生上瘾，甚至有的时候让他在课堂上也"身在曹营心在汉"，满脑子充斥着网络上的各种内容。还有的中学生甚至通宵玩游戏，第二天上课只得呼呼大睡。这样不仅严重影响了他们的学习成绩，还影响了他们的身心健康。还有的学生在网络上迷失自我，严重的导致最终其走向犯罪的道路。

　　明白了这些以后，枫枫下定决心要修正自己使用网络的目的，正确利用网络，扬长避短，于是他开始利用网络来学习。每天放学回家，他仍然不时地在上网，可

是他再也不是光顾着在网上玩儿了，而是利用网络解答难题、扩充知识、训练表达能力，他还在网络上自学日语。一段时间后，网络不但没有影响他的成绩，反而有效地缓解了他的学习和生活压力，他的学习成绩也有所提高。

文博士 课堂

故事中的枫枫，从沉迷于网络的少年，成为利用网络的学习高手。这个故事也让文博士有所感悟，我们并不是要为了避免沉迷网络而舍弃网络，真正聪明的做法是转换思维，从利用网络娱乐到利用网络资源来提高成绩，提升自我。那么，我们应该如何利用网络资源进行学习呢？

1. 利用网络搜索有效信息

寻找资料的方式有很多，而利用网络进行搜索无疑是最方便快捷的。我们可以通过网络搜索自己喜欢的文章进行阅读，也可以查寻与课程相关的课件、习题，来帮助我们掌握课堂上的知识，还可以利用专业的资源学习库查找学习资料。

网络的知识海洋堪比一个领阅百科的机器人，我们可以在网络上搜集各种百科知识，平时我们难以解答的疑问都可以在网络上查阅到，以及我们外出旅行贴士等都可以从网上找到合适的参考意见。

2. 进行信息辨别与筛选

网络信息非常庞杂，我们很容易因无关信息的干扰失去本来的目的，导致迷航。因此，在网络上要学会判断哪些是我们需要的，哪些是无用的，并进行取舍。

当搜索出众多标题时，要快速扫视，看标题下的简介，通常简介里都有类别说明、时间、点击次数等，可以为判断提供条件。对于打开的信息，也要快速浏览，先辨认是否为有用信息，再做处理。

3. 学会整理与加工

当我们搜索一堆资料保存下来后，下一步要做的就是充分利用。

利用之前，要先进行整理。内容是否具有价值，需要我们打开后进行浏览。

一般情况，我们整理要分两个阶段：浅层次浏览和深层次阅读。浅层次浏览就是要学会抓住资料中的关键字句，判断资料是否具有可用价值。如果资料具有可用价值，我们就要进行深层次阅读。在这一阶段，我们要沉下心仔细阅读，提取自己需要的信息，以达到学习的目的。

4. 了解时事动态，开阔视野

我们看报纸新闻的习惯越来越少，转而是通过手机、电脑关注时事动态。我们可以利用网络更充分地了解时事动态，参与社会问题的讨论，增加我们的社会参与度。

另外，我们还可以看到世界各个国家的情况，在感受世界各国地域文化的过程中，开阔我们的视野。所以，相对以前的一无所知，网络让我们更清楚地认识了世界。

5. 合理利用网络娱乐解压

社会、学校和家庭对我们寄予厚望，我们当然要尽自己最大的努力成长成才。在这个过程中，我们可能会面临学业的压力、父母期望的压力等，我们要学会合理利用网络娱乐给自己解压。

互联网技术的蓬勃发展，让我们在网上娱乐的方式多种多样，我们可以根据自己的需要选择网络音乐、网络游戏、网络文学、网络视频等。我们的解压娱乐方式一定要合理且安全。

文明保卫战

并不是所有书都适合我们，那么我们是不是就干脆什么书也不看呢？不是的！我们对待网络的态度也应该是这样！作为新时代的青少年，我们应该提高自己观察事物、分析事物、辨别事物好与坏的能力，在网络上充分利用好资源，尽可能地去了解更多有益的知识。那么，我们在利用网络进行学习时应该注意些什么呢？文博士来给大家解答一下这个问题吧！

1. 加强自我监督，少利用网络做无用的事

网络世界五彩缤纷，诱惑无限，当我们在网络世界中畅游的时候，有时可能很难抑制住自己的好奇心和求知的欲望。在这样的网络环境下，就需要我们有很强的自觉性和认知能力，加强对自我的监督。

2. 不沉溺网络，培养自主学习的习惯

当对网络的使用逐渐增多，我们很容易将网络作为我们获取信息的重要来源，因此我们也越来越依赖网络，如外卖、导航、购物、游戏、求职、娱乐活动等，很大程度上我们都是利用网络的便捷来完成。但值得注意的是，在使用网络的过程中，我们必须提高警惕，一定不能成为网络的"奴隶"，耽误了自己的学习。

3. 合理利用网络资源，提高学习效率

我们谈到过互联网集聚了海量的内容和信息，几乎没有一个领域是它无法触及的，在这样一个囊括大量资源的世界里，我们更应该学会理智地甄别信息，合理地利用网络资源，比如利用网络课堂对自己所学的知识进行更多的补充和拓展等，以提高我们的学习效率。

4. 为自己培养网络有益兴趣

很多家长因为害怕我们沉迷网络，不希望我们利用网络打游戏，而希望我们比较多地利用网络学习。其实，文博士认为我们可以培养一些其他有益的兴趣，比如利用网络绘画、利用网络唱歌等。

5. 与同学互相监督，形成良好的学习氛围

面对网络，我们除了应该做到自律以外，文博士还建议大家可以和同学互相监督，形成一种正确使用互联网的良好风气，让这样的风气去带动我们学习和生活。

网络对我们影响的"好"与"坏"就只有一念之差，关键在于我们如何去利用网络上有用的知识，来丰富我们的知识，拓宽我们的视野，帮助我们健康成长。看了文博士的讲解，相信大家心里都明白了，也知道今后该如何去做了。

文明 小贴士

作为新时代的青少年，我们应该利用网络学习资源，不断提升自己。但是，在庞杂的网络世界里，哪些学习资源网站对我们会有帮助呢？下面，文博士就介绍几个权威的网络学习资源网站。

1. 国图公开课

国图公开课是中国国家图书馆推出的一个高质量免费在线学习的网站，它以传承和弘扬先进文化与中华优秀传统文化为核心，并且提供多种形态的学习资源。

它对视频课程进行了详细的分类，包括：百部经典、专题课程、读书推荐、特别活动、馆员课堂、典籍鉴赏、名著品读、非遗漫谈、走进名城、养生智慧、父母课程、名人故事、抗战风云、音乐之声、阅读之旅、图书馆公开课。

2.Oeasy

Oeasy 是一个完全免费的视频教程网站，它提供的视频教程不仅丰富而且质量很高，包括：PS 教程、手机摄影教程、Ai 做图教程、Excel 教程、Word 教程、PPT 教程、Pr 视频剪辑教程、Ae 视频特效教程、Au 音频教程、Flash 教程、做网页教程、Windows 教程、色彩搭配教程等。

3. 医学微视

医学微视是一个以视频的方式分享各种医学知识的网站，上面的视频全部支持免费观看，是一个非常实用的医学教育网站。

它是中国医学科学院健康科普研究中心监制的一个网站，并且不提供销售任何产品，它以短视频的形式帮助我们了解各种疾病及各种医学知识，通俗易懂；当我们遇到不懂的医学知识或者健康问题时，可直接利用这个网站，找到对应的知识，就可以轻松找到相应的视频了。

4. 中国数字科技馆

中国数字科技馆是中国科协、教育部、中国科学院共同建设的一个基于互联网传播的国家级公益性科普服务平台，它面向全体公众开放，我们可以在这个平台上了解科学动态，体验科学过程，增长科学知识和科普知识。

它的专题板块包括：科技热点、媒体视点、科技博览、科技知道、环球科学、馆窥天下、媒眼看世界。其中科技知道提供了丰富的科学知识，比如：红心土鸡蛋更有营养？高盐饮食才是健康的？海豹只能生活在海洋中？……

5.Maspeak

Maspeak 是一个让我们趣味性学习多语言单词的实用网站，它支持学习的语言包括：法语、英语、西班牙语、意大利语、德语、阿拉伯语、俄语、韩语、日语。

它采用的学习方法是中文、单词和图片结合的方式，让我们趣味性学习单词。通过展示单词对应的中文和单词对应的图片，让我们联想对应的单词，从而学习记忆这个单词。

第三节　网络也有回音墙

文明故事会

一天下午，16 岁的平平和他的同学菲菲一起去市区打游戏。

正当他们玩得起劲儿的时候，菲菲在游戏中收到了一条来自一个网名叫"一路向东"的网友的信息："观察你很久了，你愿意做我的女朋友吗？"看到这条信息后，菲菲有点儿得意地告诉旁边座位上的平平："看，游戏中有个人在追我，我真是魅力无法挡啊！"

"这个人简直吃了熊心豹子胆了，居然敢打你的主意！"平平生气地说道。原来，在网络中平平和菲菲是游戏情侣，有人对菲菲示好，这让平平顿生醋意，气不打一处来。

不一会儿，平平就开始和这个网名叫"一路向东"的网友对骂了起来。骂着骂着，两个人心中的怒火都随着言语在不断地升级。原来，这个网名叫"一路向东"的网友是个男孩儿，真名叫帅帅，他通过游戏上的用户信息发现自己和平平在一个城市，于是帅帅立即在网上对平平下了"战书"，约平平第二天在网吧附近的一家超市后面"火并"。得知这一消息的平平，怒火已经燃烧到了极点，他立即打电话联系了几个平日里玩得好的朋友，大家都一致表示愿意为平平出这口恶气。

第二天，帅帅带着同伴赶到了约定地点。平平的同伴早已埋伏在此，立即将对方的情况报告给了平平，平平又打电话叫来了十几个同伴，并带上了擀面杖、砍刀等武器。帅帅一方眼见对方人多，一哄而散，而跑得稍慢的人被平平一方的同伴追上一顿暴打。十几分钟后，一名叫达达的受伤少年被送往医院抢救。

事后，警察对组织斗殴的平平和帅帅，以及双方参与斗殴的人员实施了抓捕。

该故事的结局是我们不愿意看到的，这是在现实生活中时有发生的事。像平平和帅帅这样在网络上随意谩骂的行为，是非常不理智的，且在网络中比较常见。那么问题来了，相对于现实生活，为什么网络谩骂现象更加常见呢？

1. 无法控制情绪，发泄不满

谩骂者也许对某个问题、某种社会现象或某个人，持有不赞同态度或者存在排斥、反感的心理，只是心急性子暴，一时控制不住自己的情绪，把所有的不满都发泄了出来。

2. 从众心理

谩骂者大多居于从众的心理。往往有人开了先河，紧接着便出现了一个接一个的所谓盖楼式的谩骂现象。而在这些谩骂者中，大多数是青少年。因为思想不成熟，没有自己的立场和主见，才会随波逐流。

3. 将谩骂当作乐趣

有些人把谩骂当成一种乐趣。想一想我们身边有没有这样的同龄人：将大把的时间浪费在了网络娱乐当中，将网络视为自己的精神食粮；上网是为了消遣，为了寻找精神寄托。长此以往，注定使我们内心更加空虚，而谩骂便是在这种空虚中衍生出来的一种消遣形式。

文明保卫战

如果任这种不正之风肆意地在网络上发展下去，必然会引起一些不良的社会现象，导致青少年产生错误的人生观和价值观，严重的还会导致青少年走上犯罪的道路，如同故事中的主人公一样。如果我们在网络上遭遇了谩骂和欺凌应该怎么办呢？

1. 保存证据

将谩骂的语言和页面截图保存下来作为证据，在这里文博士要提醒青少年朋友，不要只收藏网址，因为网址随时可能被删除，一定要截图保存。

2. 调整心态，练就强大的内心

如果别人骂我们一句，我们也要回骂一句，不但不能终止网络谩骂，还会愈演愈烈。忽略它就是最好的回击方式，学会忽略这些话语，我们会发现自己的内心会变得更强大。在网络谩骂面前，我们要保持清醒，不以暴制暴，要通过正确的途径予以反抗。

3. 向父母和老师求助，必要时利用法律武器保护自己

网络谩骂，行为情节严重并造成严重后果的可以依法追究其刑事责任。我们可以向公安机关提交保存好的证据，利用法律武器维护自己的合法权益。

4. 对相关服务进行投诉

网络谩骂行为大部分是骚扰、威胁、侮辱等，它们都有悖网站或互联网服务供应商的"服务条款"。可以针对相关服务进行投诉，以暂停或终止对方对互联网的访问权。

网络交往多为匿名存在，但是网络绝非法外之地。网络谩骂不属于言论自由，因为这样的行为特别不理智而且伤人，我们应该从自身做起，拒绝网络谩骂，学会尊重别人。

目前，国家对网络的监管也采取了一系列的措施，比如网络游戏的防沉迷、整治网络低俗之风，关闭不良和违法违规网站等，在逐步地实行网络实名制。当然，完全依靠国家的监管是不够的，也需要我们贡献自己的一份力量。因此，文博士向广大青少年朋友们发出几点号召：

第一，严格遵守国家互联网的法律法规，做一个知法守法的好公民。

第二，正确认识网络谩骂现象，网络中时刻注意自己的言行举止，给他人做好表率。

第三，不钻牛角尖，遇到网络谩骂做到不跟风，并及时抵制。

第四，有意识地提升自身的网络素养，在学习和工作之余，合理地安排时间，利用网络多做一些有意义的事。

文明 小贴士

当务之急就是要净化网络环境，为青少年争取一片蔚蓝的天。有时候我们对网络欺凌认识不够清楚，导致自己犯下一些错误。为了避免这样的情况发生，文博士就来给大家普及一下哪些属于网络欺凌。

1. 使用语言暴力，包括发送威胁性的或导致不愉快的、不受欢迎的短信、微信或 QQ 消息等。

2. 利用互联网传播对他人不利的、带有侮辱性的文字、图像、视频和音频片段等，使他人受到伤害。

3. 把他人的个人资料（如真实姓名、容貌等）予以公开，俗称"起底"。

4. 把他人容貌移花接木至另一个人的相片中，或在这些相片旁加上侮辱性、诽谤性的文字，俗称"改图"。

5. 在论坛、聊天室、微博、百度贴吧、QQ 群和微信群或群发电子邮件等公开侮辱、威胁、诽谤他人。

6. 在网络上散播他人谣言，或者冒充他人身份发布不实信息。

"如果说校园暴力是一种'真枪实弹'的硬暴力，网络校园暴力就是'软暴力'，各种谩骂、侮辱会像'软刀子'一样伤害学生的身心。"阻止网络校园暴力是上南中学学生处主任张正国编写《网络欺凌预防指南》的初衷。确实，网络欺凌很可怕，给青少年带来了极大的危害，我们不能去做网络欺凌者，在遇到网络欺凌的时候也不要过于害怕，利用文博士给大家支的招，相信能很好地解决这一问题。

▶ 第四节　黑客、病毒，快走开

14 岁的小志喜欢打游戏，并且还自学了 Java 和易语言，不但经常浏览网页，还常常入侵网站，技术与真正的黑客比起来，不相上下。

知识万花筒

Java：是一门面向对象的编程语言，不仅吸收了 C++ 语言的各种优点，还摒弃了 C++ 里难以理解的多继承、指针等概念，因此，Java 语言具有功能强大和简单易用两个特征。Java 可以编写桌面应用程序、Web 应用程序、分布式系统和嵌入式系统应用程序等。

相对于现实生活，小志认为身处网络世界更加自由。少年黑客小志在网络上小有名气，他从来不会透露自己的年龄，都说自己 20 岁。小志第一次接触电脑是在 6 岁，哥哥带着他，指着电脑说："这个是电脑，可以打游戏。"从那以后，小志开始慢慢接触电脑。一次偶然的机会他接触到了黑客技术，起初是有几个朋友教他，接着他就开始自己摸索。当然，在摸索过程中他也遇到过一些难题。有一次，他要破解一个网站，但这个网站安装了一种叫"安全狗"的软件，可以屏蔽网站后台敏感词。而小志要在网站上上传一个东西，被"安全狗"追着"咬"（追踪），折腾了四五个小时。

黑客们之所以要入侵某一个网站，就是想提高自己在黑客圈的知名度。小志告诉他的朋

知识万花筒

易语言：是一门以中文作为程序代码编程的语言。以"易"著称，创始人为吴涛。早期版本的名字为 E 语言。易语言最早版本的发布可追溯至 2000 年 9 月 11 日。创造易语言的初衷是用中文来进行编写程序的实践。从 2000 年至今，易语言已经发展到一定的规模，功能上、用户数量上都十分可观。

友，能做到别人做不到的，就可以出名。在黑客圈内，经常会出现 PK 挑战赛。黑客之间互相发送一个网站链接，看对方能不能入侵，看对方需花费多长时间入侵。（基本上）不存在铜墙铁壁的网站，一般都有漏洞，看自己做的网站会觉得很完美，其他人看就不见得了。小志也承认，有时候入侵网站，仅仅是想考验自己的技术，其实并没有恶意。后来，通过父母和老师苦口婆心的劝说，以及看到现实生活中很多黑客入侵系统被抓获并受到严厉惩罚的事例后，小志也明白了随便入侵网站这种行为是错误的，不仅会给他人带来严重的损失，也会让自己陷入危险之中。现在，小志已经渐渐转变了想法："我依然喜欢钻研电脑技术，以后读大学我还准备报考计算机专业，但是我已经不想做一名黑客了。"

也许你认为故事中的小志离你很遥远，可是事实真的是这样吗？不是的。故事中的主人公小志，也许是因为有成就感或是满足感，逐渐沉溺在黑客的世界中，享受着网络漏洞所带来的各种扭曲的乐趣。这不仅严重危害到他人利益和扰乱社会秩序，也会使自己走向犯罪的道路。

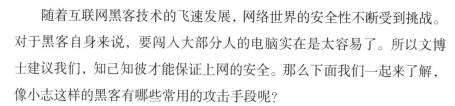

随着互联网黑客技术的飞速发展，网络世界的安全性不断受到挑战。对于黑客自身来说，要闯入大部分人的电脑实在是太容易了。所以文博士建议我们，知己知彼才能保证上网的安全。那么下面我们一起来了解，像小志这样的黑客有哪些常用的攻击手段呢？

1. 后门程序

由于程序员在设计一些功能复杂的程序时，一般采用模块化的程序设计方法。正常情况下，完成设计之后需要去掉各个模块的后门，不过有时由于疏忽或者其他原因（如将其留在程序中，便于日后访问、测试或维护），后门没有去掉，一些别有用心的人会利用穷举搜索法发现并利用这些后门，然后进入系统并发动攻击。

2. 信息炸弹

信息炸弹是指使用一些特殊工具软件，短时间内向目标服务器发送大量超出系统负荷的信息，造成目标服务器超负荷、网络堵塞、系统崩溃的攻击手段。比如向某型号的路由器发送特定数据包致使路由器死机；向某人的电子邮箱发送大量的垃圾邮件将邮箱"撑爆"。目前，常见的信息炸弹有邮件炸弹、逻辑炸弹等。

3. 拒绝服务

拒绝服务是使用超出被攻击目标处理能力的大量数据包消耗系统、可用系统、带宽资源，最后致使网络服务瘫痪的一种攻击手段。这种方式可以集中大量的网络服务器带宽，对某个特定目标实施攻击，威力巨大，顷刻之间就可以使被攻击目标带宽资源耗尽，从而导致服务器瘫痪。

4. 网络监听

网络监听是一种监视网络状态、数据流及网络上传输信息的管理工具，它可以在网络接口设置监听模式，并且可以截获网络上传输的信息，也就是说，当黑客登录网络主机并取得超级用户权限后，若登录其他主机，使用网络监听便可以有效地截获网络上的数据，这是黑客使用最多的方法，但是，网络监听只能应用于物理上连接于同一网段的主机，通常被用于获取用户口令。

5. 密码破解

密码破解可以说是黑客最常用的攻击手段之一。黑客通过程序破解他人账户密码，获取他人个人信息。所以，密码设置一定不能过于单一，要经常更换密码，以保证账号安全。

文明保卫战

了解了黑客常用的攻击手段后，是不是觉得其实黑客离我们并不远？他们一直潜伏在我们周围，等待时机攻击网络。我们既不能成为黑客，还要避免遭受黑客的攻击。下面文博士就给大家介绍几招基本的防止黑客入侵的技巧。

1. 计算机的设置

①关闭"文件和打印共享"。文件和打印共享是一个非常有用的功能，但也是一个很好的黑客入侵电脑的入口。所以非必要情况下，可以将它关闭。

②禁止建立空链接。在默认情况下，用户可以通过空链接连接服务器，枚举账号并猜测密码。因此，我们必须禁止建立空链接。方法是修改注册表：打开注册表"HKEY_LOCAL_MACHINE\System\CurrentControlSet\Control\LSA"，将 DWORD 值 "RestrictAnonymous" 的键值改为 "1" 即可。

2. 安装必要的安全软件

在电脑和手机中安装并使用防黑软件、杀毒软件和防火墙都是非常有必要的，这样即便有黑客攻击，安全也能得到保证。

3. 关闭不必要的窗口

黑客在入侵时常常会扫描目标计算机端口，如果安装了端口监视程序，计算机就会发出警告。遇到这种情况时，可用工具软件关闭暂时用不到的端口。

4. 不要回复陌生人的邮件

有些黑客可能会冒充某些正规网站，然后发一封信给我们，并要求输入用户名和密码，如果按下"确定"，我们的账号用户名和密码就进了黑客的邮箱，所以不要随便回复陌生人的邮件。

5. 隐藏 IP 地址

如果黑客知道了用户的 IP 地址，他就可以向这个 IP 发起进攻。隐藏 IP 地址的主要方法是使用代理服务器，与直接连接到 Internet 相比，使用代理服务器能隐藏用户的真实 IP，从而保证上网安全。

 **文明** 小贴士

我们经常听到"电脑病毒"一词，那么究竟什么是电脑病毒呢？下面我们就一起来了解一下。

知识万花筒

病毒：指具有破坏性的程序或者代码，电脑感染病毒后，即刻就会受到相应的破坏，病毒具有传染性，可不断复制，直接对电脑系统或者文件造成损坏。

虽然各反病毒公司的命名规则都不太一样，但大体都是采用一个统一的方法来命名的。一般格式为：<病毒前缀><病毒名><病毒后缀>。

下面附上网络中几种网络中常见的病毒前缀的解释（针对我们用得最多的 Windows 操作系统）：

1. 系统病毒的前缀是 Win32、PE、Win95、W32、W95 等

这些病毒共有的特性是可以感染 Windows 操作系统的 *.exe 和 *.dll 文件，并通过这些文件进行传播。

2. 蠕虫病毒的前缀是 Worm

这种病毒的共有特性是通过网络或者系统漏洞进行传播，很大部分的蠕虫病毒都有向外发送带毒邮件，阻塞网络的特性。比如小邮差（发带毒邮件）、冲击波（阻塞网络）等。

3. 木马病毒、黑客病毒的前缀是 Trojan

木马病毒的共有特性是通过网络或者系统漏洞进入用户的系统并隐藏，然后向外界泄露用户的信息。而黑客病毒则有一个可视的界面，能对用户的电脑进行远程控制。黑客病毒前缀名一般为 Hack。木马、黑客病毒往往是成对出现的，即木马病毒负责侵入用户的电脑，而黑客病毒则通过该木马病毒来进行控制。

4. 脚本病毒的前缀是 Script

脚本病毒的共有特性是使用脚本语言编写，通过网页进行的病毒传播，如红色代码（.Redlof）。

5. 破坏性程序病毒的前缀是 Harm

这类病毒的共有特性是用好看的图标来诱使用户点击，当用户点击这类病毒时，病毒便会直接向用户计算机发起攻击。如格式化 C 盘（Harm.formatC.f）、杀手命令（Harm.Command.Killer）等。

6. 玩笑病毒的前缀是 Joke

玩笑病毒也称恶作剧病毒。这类病毒的共有特性也是用好看的图标来诱使用户点击，当用户点击这类病毒时，病毒会做出各种破坏操作来哄骗用户，其实病毒并没有对用户电脑进行任何破坏。如女鬼（Joke.Girlghost）病毒。

7. 捆绑机病毒的前缀是 Binder

这类病毒的共有特性是病毒作者会使用特定的捆绑程序将病毒与一些应用程序，如 QQ、IE 捆绑起来，表面上看是一个正常的文件，当用户运行这些捆绑程序时，表面上看是在运行应用程序，实则是在隐藏运行捆绑在一起的病毒，从而给用户计算机造成危害。如捆绑 QQ（Binder.QQPass.QQBin）、系统杀手（Binder.killsys）等。

网络病毒多种多样，更新换代速度快。只要我们保持警惕，不随意点击不确定的信息或链接，有定期查毒杀毒的习惯，网络病毒就无机可乘！

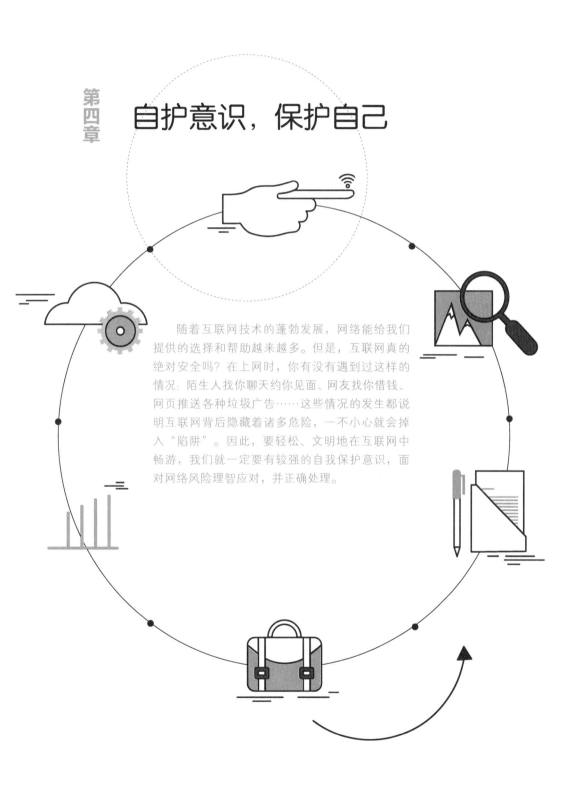

第四章

自护意识，保护自己

随着互联网技术的蓬勃发展，网络能给我们提供的选择和帮助越来越多。但是，互联网真的绝对安全吗？在上网时，你有没有遇到过这样的情况：陌生人找你聊天约你见面、网友找你借钱、网页推送各种垃圾广告……这些情况的发生都说明互联网背后隐藏着诸多危险，一不小心就会掉入"陷阱"。因此，要轻松、文明地在互联网中畅游，我们就一定要有较强的自我保护意识，面对网络风险理智应对，并正确处理。

▶ 第一节 网聊有风险，见面须谨慎

文明故事会

丽丽是一个乐观、开朗、喜欢交朋友的女生。而如今面临中考，学习压力较大，她为了排解自己的压力，便主动搜索并加入了几个QQ群，希望能找到"有缘人"诉说心事。

这天，丽丽把一道数学难题发到了QQ群里希望得到网友的帮助。很快，有个名叫"热心肠"的网友加丽丽为好友，声称自己是某大学的大学生，可以教丽丽数学，丽丽便通过了验证。此后，"热心肠"便经常教丽丽数学，还听她倾诉。不久，两人就成了好朋友，丽丽也憧憬着和"热心肠"见面。

一个周六，"热心肠"发来消息说自己到丽丽的城市出差，想约丽丽见面，丽丽毫不犹豫地答应了。丽丽出门前，突然想起之前看到的"花季少女约见网友被骗财骗色"的新闻，她思索再三，便请自己的表哥和她一同前往。

晚上八点半，丽丽与"热心肠"在咖啡厅见面了，两人相谈甚欢，丽丽对其好感倍增。晚上九点，男

子提出一起去公园散步，丽丽想征求表哥的意见，但正在玩手机的表哥完全忽视了丽丽。丽丽觉得时间不算晚，并对该男子有好感，便答应了。

公园行人渐少，路灯昏暗，丽丽一直低头跟着男子走着。男子突然停下脚步，转身将手放在了丽丽肩上。她刚想呼救，嘴就被捂住了。就在这时，丽丽的手机响了，铃声把男子吓得松了手。丽丽赶紧挣脱就跑，迎面撞上了正在打电话的表哥，与表哥平安到家后，丽丽发现那名男子把她的QQ也拉黑了。

这次经历，让丽丽认识到网络是把双刃剑，它让丽丽在网络上获取知识的同时也给犯罪分子提供了机会，大家应该文明上网，理性交友。

文博士课堂

遇到像故事中的丽丽一样这种问题的人群大多都是我们青少年，特别是刚刚接触网络的。网络能给我们提供各种各样的信息，我们在使用网络的过程中难免会遇到需要沟通交流的时候，由于我们自身的各种原因，对于网络上网友的真实性和意图还很难判断，而网络交往中出现的所谓"网友"及"见网友"的情况有时会对我们造成极不好的影响。那文博士就给大家说说这样做可能造成哪些不良影响。

1. 侵犯我们的合法权益甚至威胁人身安全

一些所谓的网友，打着帮助我们的幌子，侵犯我们的合法权益，甚至会对我们造成人身伤害。

面对网络上各式各样的网名，由于我们缺乏对这些陌生人信息的了解，也无法了解这些名字背后的含义，当自己需要帮助时，就轻易相信了网络上陌生人的话，将自己的很多信息告知给了对方，希望获得帮助。这些信息要是被某些居心不良的网友利用，不法分子可借机进行敲诈、勒索等。

第四章 自护意识，保护自己

我们甚至可能被不法分子利用。青少年接触网络、使用网络的时间相对较短，面对网络陌生人的邀请，容易上当受骗，容易被一些话语打动，不假思索就答应陌生网友的要求，不考虑自身的安全问题，使网络不法分子有机可乘，最终造成一些不堪设想的后果。

2. 造成我们缺乏现实交友的动机和热情

在现实生活中青少年要多与同伴交往，这有利于提高我们的交流协调能力，学会与人相处，培养自己为人处世的能力。

但现实生活中有一定行为准则和道德规范。所以，我们的行为会受到约束。有些中学生不愿被束缚，便借助网络，逃避现实与同伴交往所带来的不适，甚至沉迷于网络交友，缺乏现实交友的动机和热情，造成与同伴交流困难的问题，对同伴产生距离感，以致无法融入班集体之中，则逐渐丧失对社会的适应能力。

文明保卫战

青少年的网络自我保护意识相对贫乏，对于网络上各种信息及人的判断常常会出现错误，这与我们的年龄和阅历等有一定关系。除了增强自我保护意识之外，还可以通过其他方法帮助我们维护自己的合法权利。下面文博士就给大家支支招，帮助我们更好地实现网络自我保护。

1. 个人信息一定要谨慎保密

我们在上网时，一般不采用真实姓名作为网名，也不能在网络上随意公开自己的真实信息，我们可以请父母帮忙取一个网络虚拟称号。

另外，在与网友进行交流的时候，不要轻易告诉网友自己的电话号码、QQ 号、微信号等联系方式，更不要轻易将父母及亲戚的联系方式和通信地址告诉网友。

2. 不能轻易相信网友

网络上经常存在一些心怀不轨的人，对于这些网友而言，他们会想尽办法套取我们的信息，并针对我们的弱点诱骗我们，想方设法约我们见面，有时会给我们提供一些好处进行诱骗，有时会通过我们提供的各种信息进行威胁式的诱骗，这时的我们应该提高警惕，不要轻易相信网友。

3. 不要轻易打开陌生人发的文件或消息附件

网络上的一些文件，有可能会带有木马病毒，由于缺乏网络安全意识，我们可能对这些文件没有辨别能力。同时，这些文件往往拥有比较吸引人的标题，我们很轻易就会选择接受并打开它，文件中的病毒将会获取我们的各种信息，并有针对性地对我们进行网络诱骗。我们面对这些信息要小心谨慎，切勿因为好奇而犯下错误。

4. 不随意约见网友

单独与网上的陌生人见面是比较危险的，一定要提高警惕。网友是通过互联网而认识的朋友，对其所有的了解都仅来自于网上的文字交流，我们无法对网友做到深入了解，如果真的想要去见网友，我们应该做到以下几点，以维护自身安全。

第一，一定要理性认识网络上以虚拟姓名发送的信息，对方的身份

充满了太多的不确定性。

第二，见网友时必须告诉父母或者亲戚朋友，并邀请他们陪同。

第三，约定见面的地点一定要在公共场所，以避免不法分子有空子可钻。

第四，不要做一些你觉得比较害怕的事情，用理性的思考战胜这些诱惑。

5. 积极参加现实生活中的实践活动

积极参加校内外活动是我们获取社会经验、得到别人和社会认可的重要途径。我们应该多丰富自己的课余生活，参加各种有意义的联谊活动和文体活动，把时间和精力放在满足和发展自身的兴趣爱好及特长上，借助各种活动广交朋友。

与同学、同乡或志同道合者沟通信息、交流感情、增进友谊，体会现实生活中人际交往比网络虚拟交友更真实、安全和有意义，且同样容易。这样不仅能让我们回归到现实中来，还会使我们更加热爱现实生活、更加珍惜现实中的朋友。

会见陌生网友确实存在危险，那为了避免青少年受到不必要的伤害，文博士就给大家说说见网友时该怎样保护自己。

1. 不要抱有不切实际的想法

不要抱有在网上结识贵人等不切实际的想法，因为对方可能投其所好编造一些诱人的条件让我们入套。

2. 不透露个人信息

不管与网友多聊得来，也不要透露过多的个人信息。

3. 不轻易进行金钱交易

不要轻易与网友有金钱交易，如果对方图谋不轨，采取欺骗的手段，可能会让你蒙受经济的损失。

4. 不轻易见面

不管在网络上与网友有多熟悉，也不要轻易答应见面。

5. 选择安全的时间、地点见面

如果一定要见面，也不要约在晚上，特别是不要到宾馆、公园之类的地方。约见的时间和地点最好由你决定，这样更安全。

6. 与亲友同行，且要适可而止

与网友见面，最好邀约自己的朋友或亲人一同前往，并且要懂得适可而止，不要乐而忘返，避免乐极生悲。

通过上述内容可知，我们在进行网络交友时要从自身做起，学会自我约束，避免沉迷，更要提升鉴别能力，树立自我保护意识，学会保护自己，平衡网络生活和现实生活，争做一名文明的青少年网民。

▶ 第二节　谁动了我的零花钱

文明故事会 ······

　　萧萧是一名成绩优异的初中生，每年都会获得学业奖学金，再加上过年收到的红包，她有了一些积蓄，并把这些钱存在自己的储蓄卡中。因为她想购买一个价格不菲的英语电子词典，而独立好强的她又不想让父母掏钱，攒钱便成了一条必由之路。但是这个词典的价格确实太高了，她暗自计算了一下，按照这个速度，她要在下一次过年领红包或学业奖学金发放时才能拥有电子词典，也就是说，她还要攒大半年。萧萧心想，英语学习可不能等，本想向父母求助，但父母刚给自己报了一个价格昂贵的钢琴培训班。

　　萧萧便通过网络查询到了一个便宜点儿的电子词典。但在浏览网页的时候，屏幕上弹出一则消息，消息提示将钱拿去投资，每日

都会获得一定额度的收益，萧萧计算了一下，如果把自己的钱投进去，会比攒钱的速度快很多，这样就能很快买到词典了！

萧萧立马点开了链接，并注册了账号，填写了个人信息，还将自己的储蓄卡与账号进行了绑定，萧萧选择了一个定期投资项目，并投入了自己所有的积蓄。可到了投资期限，萧萧打开自己的账户准备收钱时，却发现原来的网页怎么也打不开了，萧萧突然意识到自己可能遇到了网络诈骗。萧萧害怕父母责怪，也怕同学嘲笑，便隐瞒了一切。后来因为萧萧成绩的下滑，父母多次询问原因，她才说出实情。随后父母立即报了案，但是萧萧的钱也未能追回。对于萧萧来说，网络虽然给她提供了很多便利，但也存在着很多"吃人的老虎"。

文博士课堂

该故事主要讲述了萧萧没有意识到网络财产安全存在的风险，将自己的全部零花钱拿去"投资"，希望获得高额的回报，帮助自己购买英语电子词典，最终被骗。

现如今，互联网已经覆盖了我们生活的方方面面，金融和互联网联系越来越紧密。而我们的财产管理也越来越容易出现问题，特别是在网络环境下的财产管理更容易出现风险。这是什么原因呢？下面文博士就为大家一一道来。

> **知识万花筒**
>
> **网络财产：** 此处的网络财产特指使用电子支付手段通过网络进行的货币支付、资金流转和投资。

1. 我们花钱需求越来越大

当前，我们没有稳定的收入来源，父母给的零花钱和亲戚给的红包有时并不能满足我们的用钱需求。并且，父母和亲戚给的钱让我们本来就薄弱的"挣钱"概念愈加模糊，"理财"方面的知识则少之又少。

当我们急切渴望拥有一件物品而所持的金钱又无法满足时，我们对金钱的欲望就会愈加强烈，不法分子正是利用我们这种急需钱又无挣钱

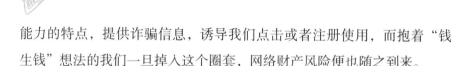

能力的特点，提供诈骗信息，诱导我们点击或者注册使用，而抱着"钱生钱"想法的我们一旦掉入这个圈套，网络财产风险便也随之到来。

2. 我们缺乏系统的财产管理意识和方法

由于我们的自我阅历和知识储备因素，很少会有涉及自我财产管理的培训或者教育，因此，缺少自我财产管理方面的知识和意识，尤其是网络财产管理相关的意识和理念。

面对网络财产风险时，我们的把控和抵御能力很低，基本处于"给糖就吃"的情况，更没有所谓的网络财产风险预警可言。因此，我们很容易就成为网络财产诈骗的突破点。

3. 我们对网络财产风险防范意识相对不足

我们接受父母的教育基本在于防范陌生人的财产诈骗，这种防范都是对于现实生活中面对面的诈骗行为。但是，对于虚拟环境下的网络财产风险，我们很少从父母或者老师那里得到相应的防范教育，我们从自己内在心理上没有觉得网络环境下自己会面临财产风险，往往都是在自己上当受骗后才意识到被骗了。

4. 网络自身存在诸多不安全的因素

网络病毒的侵袭、黑客的非法闯入、数据窃听和拦截、垃圾邮件等外部因素提高了我们网络财产的风险度。当我们上网时，有可能会出现系统故障、线路故障，电脑或手机里也有可能存在不安全的服务软件，我们还可能不小心点击了不安全的链接等情况。这些不安全的因素都可能会导致我们的网络财产遭受侵害，需要我们提防。

看到这里，我们可能会想：既然网络财产的风险那么高，那我们是不是不要接触网络呢？答案当然是否定的。虽然网络财产具有一定风险，但这些都是我们自身缺乏专业知识和安全防范意识导致的。对于网络财产风险我们更多的是要注意到自己的主观原因，多多加强自身的安全意识和防范意识，避免自身财产遭受侵害。

面对网络财产风险，我们应该提醒自己，这些财产类别的信息是否真实可靠，是否需要去求证，抱着一颗有疑问的心看待这些信息，合理规划自己的"零花钱"。

面对如此多的网络信息，我们如何才能做到合理避免网络财产风险，又如何合理进行理财规划呢？

1. 做好密码保护工作，谨防密码被盗

我们在进行网络活动的时候，经常会接触各种各样的网站、App，会拥有各种账号和密码，有时候我们甚至将自己的网络密码与自己的银行卡密码设置成一样，当自己的网络账号被不法分子盗取后，自己绑定的银行卡信息也会被盗取。

所以，我们要养成良好的密码管理习惯，网上需要设置密码的地方很多，设置好、管理好密码可以很好地保护我们的个人信息。

第一，要分类设置。应尽可能地使用不同的昵称和密码，对重要的密码如银行卡密码更要单独设置。

第二，要保障强度。不要使用生日、名字缩写等有明显含义的字符，最好使用英文、数字、特殊字符交错的密码，长度在 8 位以上。

第三，要定期修改。如一个月更改一次，这样即使原密码泄露，也能将损失减小到最少。

2. 养成良好习惯，不上非法网站

网络财产危险不仅会使自己投资被骗，还可能使自己的个人信息和财务信息被网络黑客攻击，被木马获取，以致自己损失钱财。所以，在网络上我们应该：

第一，无论从道德层面，还是从个人防护角度出发，都不应且不要访问如黄色、暴力等不良信息的网站，因为这往往是病毒和木马的藏身之所。

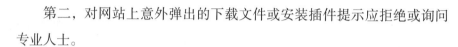

第二，对网站上意外弹出的下载文件或安装插件提示应拒绝或询问专业人士。

第三，登录网络银行等重要账户时，要注意网站地址和服务商提供的网址一致。

第四，不轻信网站中发布的诸如"幸运中奖"等信息，更不要轻易向陌生账户汇款。

3. 掌握网络知识，适当学习理财知识

我们在接受校园知识教育的同时，也需要相应学习一些财产管理方面的知识，培养自己合理规划财产的能力，特别是在网络环境下的财产管理规划能力，提高自己的网络财产安全防范意识，同时增强自己网络财产的管理能力，让自己成为真正的网络财产管理小能手。

4. 提高自己应对特殊情况的能力

如果我们被欺骗或者遭受钱财损失，应保持理性的头脑，尽快告诉父母，寻求父母的帮助，因为父母的经验和应对能力肯定比我们要高，并且会帮助我们分析失误的原因，经过经验总结，也能提高我们的应变能力，所谓"吃一堑长一智"即是如此。

在合理规避网络财产风险方面，我们一定要养成良好的上网习惯，在平时做好密码保护工作的同时，利用空闲时间适当学习一些理财知识。最重要的是，我们一定要提高自己的责任意识和承担能力，这样自己才能不被这些问题难倒，才能在今后的财产管理中成为真正的小能手。

文明小贴士

网络诈骗可谓花样百出，如果我们能对网络诈骗的招数有一定的认识，那么对于我们的网络防范也会有很大的帮助。下面，文博士就给大家介绍六种针对青少年典型的网络诈骗招数，让大家对网络诈骗有一个更清楚的认识。

1. 修改分数

目前很多中学使用了电子成绩发布系统，一些学生假期在家里查到自己的成绩不理想，心绪烦乱的时候收到一则消息，声称，"花钱可以改成绩，包你满意"。可能我们就会抱着试试看的心态去联系发布者，而骗子就会利用我们想改分的心理，对我们实施诈骗。骗子会给我们发一个与学校网页界面一样的网址，表示成绩已经被修改，其实，在成绩管理系统的成绩压根儿就没有变。

2. 游戏盗号

我们中很多人可能都是网络游戏的高级玩家，所属的账号也具有较高的价值。在网游交流平台就有骗子提出要高价收购其游戏账号，然后发给我们一个暗藏木马的盗号链接，只要我们点击了这个链接，那电脑就会被种上木马，进而导致账号失窃。

3. 抢红包

抢红包是时下比较时髦的行为，很多青少年包括成年人都乐此不疲，甚至安装抢红包插件。但是，有些伪装成红包式样的木马或者恶意软件的链接也隐藏在其中，这会导致手机的信息泄露及手机所关联的银行卡的账户有安全隐患。

4. 扫描二维码

街头产品促销，扫描其二维码就可以获赠一瓶饮料或者一个小礼物。这时，有的同学就会拿起手机毫不犹豫地去扫描二维码，殊不知，二维码本质是一个链接，我们在不能判断二维码是否安全的时候，很可能就将恶意软件在不知情的情况下安装到了自己的智能终端，这样就会导致我们的信息泄露，甚至遭受财产损失。

5. 汇款、充话费

在社交网络中，突然一个熟悉的人让你帮忙汇款或者充话费。这时，有的同学就会不假思索地按照发来的消息去汇款或者充值，其实，这可能是一个骗局。骗子利用从朋友处获得的账号权限去骗取钱财。所以，

在收到类似信息时，我们要通过电话与对方进行确认，或者要求对方视频来确认身份。

6. 朋友圈

不要随意将隐私发布于朋友圈。就算网络诈骗的手段花样百出，文博士相信只要我们时刻保持警惕，保护好自己的私密信息，增强自我保护意识和防范意识，再加上文博士给大家指点的规避网络财产风险的妙招，就不会让坏人动了我们的"零花钱"。

▶ 第三节　信息的小船说漏就漏

文明
故事会 ....

　　达达是一个小学五年级的学生，最近家里刚刚买了一台电脑，这让平时只能在计算机课堂上接触电脑的他兴奋不已，但父母为了避免影响他的学习，严格限制了他的上网时间和上网内容。

　　某天，父母出了远门，同学明明来他家中玩，偷偷记下了电脑密码的达达马上打开了电脑，和明明一起开始上网。打开浏览器后，一个非常炫酷的网页弹了出来，这正是一个传奇游戏的宣传。达达和明明平时都爱看武侠电视剧，经常一起讨论一些侠客的绝招，传奇游戏的侠客设定迅速地吸引了他们点击。这个游戏需要注册账号，但在填写账号信息时，他们遇到了困难，因为注册账

号需要的电话、身份证号、银行卡信息等他们都没有。好玩心切的达达想到了用父母的信息注册。正当达达翻出父亲的相关信息要注册时，明明制止了达达，说道："千万别注册，我之前看过几则新闻，就是关于注册游戏账号导致个人信息泄露，之后就收到很多莫名其妙的短信，这些内容大多是危险的诈骗信息，还是不要乱来啊。"达达半信半疑，说："不就是注册一个游戏账号吗，不至于这么严重吧。"明明见达达不太相信自己，就在网页上搜索了"个人信息泄露"，顿时大量的信息泄露案件让达达目瞪口呆，他赶紧关掉了注册界面，心想：要不是明明在，自己说不定就要闯大祸了。

文博士 课堂 ┈┈┈┈┈┈┈┈┈┈┈┈┈┈┈┈┈┈┈┈

注册账号在网络中并不少见，玩游戏需要账号，购物需要账号，申请邮箱、登录论坛也需要账号，面对网页的账号"需求"，我们往往不假思索地就会把自己的信息填写了，而正是这种没有防范地账号注册成了信息泄露的源头之一。在网络的海洋中，信息的小船真是说漏就会漏，而其中的原因也是错综复杂，下面就让文博士给大家讲解一下。

1. 网络环境的复杂性导致我们无法判别个人信息是否会被泄露

网络环境错综复杂，里面有很多看似"有趣"的东西吸引着我们，让我们一步步失去防线。如像达达这样的青少年，对于个人信息保护意识非常淡薄，在进行个人信息注册时完全没有质疑这些信息的真实性，更没有防范意识，只为了一时的玩乐或方便，迫不及待地填写信息。

2. 缺乏对计算机安全知识的掌握

网络信息泄露非常普遍，这也与自身电脑杀毒软件或者安全防范意识有关。我们在网络信息泄露中承担的角色只是触发泄露的导火索，因为我们缺乏人为风险控制和个人信息保护的意识，在人为把控上会有缺失，但在机器把控上，或许会因为电脑的杀毒或防火墙不够完善，也会导致不法分子有机可乘。

所以，我们对计算机安全知识的掌握也就成了至关重要的一环。缺少必要的计算机安全知识，使我们无法人为自行地对网络不安全信息进行屏蔽，一旦点击非法网站等信息后，个人信息就极易被泄露。

知识万花筒

漏洞：是指在硬件、软件、协议的具体实现或系统安全策略上存在的缺陷，从而可以使攻击者能够在未授权的情况下访问或破坏系统。

3. 大量网站自身存在许多漏洞

网络因为漏洞的因素存在很大风险，当我们的学校网站出现高危漏洞时，我们遭受信息泄露的风险将会大幅度提高，这对我们而言是一种安全隐患。许多中小学校网站的漏洞很多，这些高危漏洞的普遍存在意味着学校网站很容易被黑客入侵和篡改，甚至可能造成大量教职工、学生、家长个人信息的泄露，从而为各种网络诈骗和其他网络犯罪提供资源和便利。

看到这里，我们开始思考自己在这之前的上网过程中有没有无意间泄露了家人或者自己的个人信息？是不是害怕以后自己在上网中会不经意泄露个人信息？为了增强我们在互联网中的自我保护意识，避免个人信息泄露，文博士将在"文明保卫战"就平时如何保护自己的个人信息为大家支招！

文明
保卫战

面对复杂的网络环境，学会保护自己成为我们成长的长久话题，这不仅是对我们身心健康的保护，也是对我们个人信息的保护。

我们目前还缺乏一定的个人信息保护意识，但是必要的信息保护和防泄露措施是相当必要的。下面，文博士就为大家支支招。

1. 谨慎上网，谨慎点击网页弹窗

很多个人信息泄露都是电脑中了木马病毒引起的。我们要谨慎点击

网页，不上非法网站，同时谨慎点击网页弹窗，这些弹窗极易携带木马病毒，一旦点击，电脑极有可能会中木马病毒。

现在网络搜索很方便，但是过于方便的同时也意味着信息量庞大而令人难以甄别，在下载软件前最好先做调查，看评论，要在可信度较高的官方商店下载，避免进入非法的软件站点。恶意软件的主要危害中，资费消耗、隐私窃取和恶意扣费位列前三。这些恶意软件可在后台收集用户的位置、通话记录、电话号码及短信等信息并将其上传至指定服务器，造成难以估量的后果。因此建议使用新版的反病毒软件。

2. 不要轻易填写自己的信息

我们在网上注册时不要轻易填写自己的个人信息，应该小心保护自己的资料，不要随便在网上泄露如电子邮箱、电话号码等个人资料。

现在，一些网站要求网民通过登记来获得某些"会员"服务，还有一些网站通过赠品等方式鼓励网民留下个人资料。我们对此应该谨慎，要养成保密的习惯，如果可以的话，化被动为主动，用一些模糊信息来应付对个人信息的过分要求。

当被要求输入个人信息时，可以简单地改动姓名、邮政编码、身份证号码的几个数字等，这就使输入的信息与虚假的身份相联系，从而抵制了数据挖掘和特征测验技术。

3. 对标识身份类的个人信息应该更加小心翼翼，不要轻易泄露

身份类的个人信息应该只限于用在可信的公司和机构，即使一定要留下个人信息，在填写时也应先确定网站上是否有保护网民隐私安全的政策和措施。

即使是进行必要的信息注册，也应该在父母的陪同下进行相应的填写，因为父母会有一定的甄别能力，能帮助我们判断哪些信息能输入，哪些信息不能输入。

4. 正确安全地利用互联网进行休闲娱乐活动

聊天、听音乐、玩游戏和看视频是未成年人上网的主要活动。而在互联网上进行休闲娱乐活动时，我们很容易将定位和识别的个人相关信息公布出去。如有很多人会在外出游玩时通过社交软件不断晒照片。

但是，我们在晒快乐的同时别忘了保护自己的隐私，如不要在社交软件上泄露家庭住址、联系方式等。如果要发布实时照片，最好对现实中的好友进行"分组可见"的设置。

5. 在公共区域上网时慎用公共场所的免费网络和不乱扫二维码

现在，我们到了餐厅或者咖啡馆，要做的第一件事往往是拿出手机搜索免费的无线网络。一些不法分子就是利用这点，在公共场所用一台电脑、一套无线网络及一个网络包分析软件就搭建了一个不设密码的Wi-Fi。如我们使用该 Wi-Fi，不法分子就可以盗取我们手机上的资料。

因此，在使用免费 Wi-Fi 的时候，要看准 Wi-Fi 的提供者。同时，连接公共区域 Wi-Fi 时尽量不使用带有个人账号和密码信息的软件。

在公共区域时要避免乱扫二维码，最好可以在手机上安装一个二维码检测工具，这种工具可以自动检测二维码中的信息，从而判断其安全性。

在上网的时候，一不留心个人信息甚至是家庭信息就会被泄露，让一些不法分子有机可乘。前面文博士给大家讲了个人信息泄露的原因和防范妙招，关于个人信息泄露具体有哪些危害呢？文博士就来给大家归纳总结一下。

1. 垃圾短信源源不断

个人信息泄露后会接收到各种轰炸式的垃圾信息已经是很普遍的情况。中央电视台曾在"3·15消费者权益日"晚会上对垃圾短信进行了曝光。

2. 骚扰电话接二连三

本来只有朋友、同学或亲戚知道的电话号码，会经常被陌生人骚扰，有推销保险的，有推销装修的，也有推销婴儿用品的。

3. 垃圾邮件铺天盖地

个人信息被泄露后，我们的电子邮箱可能每天都会收到十几封垃圾邮件，而且还是一些乱七八糟且没有创意的广告。

4. 冒名办卡透支欠款

有人会通过我们泄露出去的个人或家人信息，办理我们或者家人的身份证，在网上骗取银行的信用，从而让银行办理出各种各样的信用卡，并恶意透支消费。

5. 案件事故从天而降

不法分子可能会利用我们的个人信息办理身份证，做出一些违法乱纪的事情。

6. 不法公司前来诈骗

当我们的个人信息被不法分子获取后，他们极有可能前来对我们进行诈骗，编出一些耸人听闻的消息，让我们在慌乱中上当受骗。

7. 冒充公安人员要求转账

不法分子以公安局的名义报出我们的个人信息，提醒我们的某个账户不安全，要我们转账。

8. 坑蒙拐骗乘虚而入

因为不法分子知道了我们的个人信息，他们会躲在暗处费尽心机地想法子蒙骗我们。有道是"明枪易躲，暗箭难防"，稍不留神，我们就可能会落入坏人的圈套。

9. 账户钱款不翼而飞

个人信息被泄露后，一些不法分子会办一张我们的身份证，然后挂失我们的银行卡账户或信用卡账户，然后重新补办我们的卡，再重新设置密码，如果我们长时间不用卡，里面的钱款说不定早就不翼而飞了。

10. 个人名誉无端受毁

别人冒用我们的名义所干的一切坏事都会归到我们的名下，哪怕最后费心周折得个清白，但自己的个人名誉还是会受损。

互联网虽然是一个好东西，改变了我们的生活，也为我们的学习提供了帮助，但是它也日益威胁到我们的个人隐私和安全。但是只要我们提高自我保护和防护意识，充分利用文博士交给我们的知识，那这些就不再是困扰我们的问题，我们也会离互联网文明的守护者越来越近。

▶ **第四节　给自己一个清净的网络环境**

　　雯雯是一个比较恬静的女孩子，喜欢自拍，并把自己的一些照片等信息公开放在微博和QQ空间中。一天，雯雯加了一个游戏中的玩伴，她刚上线，这位网友就发来打招呼的信息。雯雯回应了网友，并约他一起打游戏，可网友表示今天心情不佳，不想玩游戏，希望雯雯能陪他聊聊天。想到这位网友平日里在游戏中对自己很照顾，雯雯很爽快地就答应了网友的请求。他们聊生活聊学习，随着话题的进一步深入，雯雯发现这位网友的语言逐渐有些暧昧，并流露出对雯雯的青睐之情。雯雯试图转移话题，可网友竟然直接向她表白，并提出做她的男朋友。突如其来的表白让雯雯觉得很难为情，于是果断拒绝网友后便下了线。

　　那次的聊天让雯雯心有余悸，她好几天都不敢上QQ。过了几天，等她再次登录QQ时，QQ消息便接二连三地响起。原来那位网友没有等到雯雯回应，便给她留了很多言，从最初的温柔请求，到后面的语气强硬和胡搅蛮缠，雯雯看完留言特别生气。

就在雯雯准备回复警告时，网友突然发来了视频，雯雯一次次拒绝，但他仍然锲而不舍。最后，雯雯实在是忍无可忍，直接将这位网友拉入了黑名单，至此便再没有收到过这位网友的信息了。但是好景不长，因为雯雯的个人信息已经被这位网友获取，他便经常给雯雯打骚扰电话，虽然雯雯屏蔽了该网友的电话，但网友又换另外一个号码继续拨打，最终不胜其烦的雯雯不得已将自己的号码更换了，但她仍然担心，网友会将自己的照片或者其他信息发到一些乱七八糟的平台上。

文博士课堂

雯雯的遭遇值得同情，但是仔细探究就会发现这不仅是网络环境的问题，也是一个社会问题，文博士将从以下几个方面解读网络骚扰背后潜藏的问题。

1. 缺乏自我信息安全把控能力易招致网络骚扰

由于我们对自己的自我信息安全把控能力不够，我们经常在不经意间就将自己的信息泄露了，以至于将自己置于一个比较被动的社交地位，经常收到一些骚扰信息。雯雯遇到的骚扰只是其中一种，还存在其他形式的骚扰情况，比如：恶意散布他人的信息、网络恶作剧、网络跟踪威胁等。

2. 网络环境未得到净化让网络骚扰有可乘之机

在网络环境下进行各种社交活动，就像存在于一个虚拟的社会中，网络上的不法分子是一直存在的，加之法律法规对网络犯罪的立法还不太完善，导致一些不法分子钻了法律的空子，做一些侵害我们利益的事情。

3. 网络维权较难，被侵犯的信息难以追回

遭遇网络骚扰者要想杜绝被再次骚扰，几乎是不可能的，因为骚扰者会换另一种方式对其进行骚扰。

这也是由于我们轻易将自己的信息公开造成的。一旦信息被公开，

我们的个人信息将会被复制到各种不同的信息终端，导致我们会频繁而大量地收到一些虚假和不良信息，而这些虚假和不良信息就是从不同的终端发送而来的。

这个时候，我们要从理性出发，思考自己如何去合理规避风险。这也是文博士下面要给大家讲解的内容，放松心态，跟着文博士继续学习。

文明保卫战

面对雯雯类似的问题，我们需要做出一些调整，来净化我们的网络环境，从我做起，杜绝网络骚扰，将各种形式的网络骚扰拒之千里之外，做一个真正的网络小能手。下面文博士就给大家提供一些简单的措施，帮助大家合理避免这些骚扰信息。

1. 寻找骚扰迹象

网络骚扰往往需要一个人通过电子邮件、即时消息、短信或其他电子通信方式进行。如果我们觉得自己被骚扰或即将被骚扰，首先要寻找到骚扰的迹象，找出骚扰者进行骚扰的方式和手段，从而及早进行回避和处理。

2. 保持自己个人信息的私密性

要保护自己的个人信息，不要随随便便就展示在通信平台给其他人看。我们应时刻提醒自己，不能随意将自己及亲友的个人信息发到网站上，这样，才能从源头上杜绝骚扰信息。

3. 拉入黑名单

面对短信骚扰，直接拉入黑名单，不再接收此类消息。我们在收到一些骚扰信息的时候，可以直接将此类信息的发送终端号拉入手机或者其他软件平台的黑名单中，这样在下次的时候就不容易再收到这个终端的信息了，可以避免被不必要的信息骚扰。

4. 拒绝回应骚扰消息

不要主动去回应具有暗示、挑衅、威胁等特征和一切令我们感到不安的信息。当我们遇到这种情况时应该立即告诉自己的父母或监护人，不要直接回复。骚扰者想要从他们的目标引出反应，所以对他们不要有所回应，不然只会使事情变得更糟。处于愤怒时发送的恐吓邮件只会激怒骚扰者，可能会给我们带来更多麻烦。

5. 采取必要的电脑技术手段

安装好免疫插件、广告过滤软件，选用更安全的浏览器，第一层防御做好后，中招的可能性就比较小了。通过一系列必要的电脑技术，从硬件上隔离骚扰，这样被骚扰的可能性会大大降低。

看到这里，心情是不是豁然开朗了？我们在收到网络骚扰的信息时，要保持头脑清醒，首先要找准骚扰的源头，从源头下手处理问题，在面对骚扰信息时可采用拉入黑名单或者"冷处理"的方式，不要轻易中了对方的圈套或者激怒对方。平时再从硬件方面着手，文博士相信大家被骚扰的可能性将会降到最低。

网络骚扰给我们带来了不少困扰，我们在面对大量的信息时，其真伪也不好分辨，父母对此表示各种担忧，下面文博士针对几种不同的情况，给大家介绍六种网络骚扰形式，让我们对网络骚扰有一个更清楚的认识，以便努力净化网络环境。

1. 冒充

现在不法分子在获取我们的个人信息后，短时间内就能伪造信息，不法分子会利用我们的信息进行相关信息活动甚至是违法犯罪活动。

2. 网络言论

网络水军通常会发表一些没必要的攻击性言论，他们所发布的大量言论只是为了激怒网友，引起民愤。专家称平息网络争论最好的办法就是不予理睬，因为他们的目的就是哗众取宠。所以，让他们悄然离开的方法就是我们不予理睬。

3. 恶意散布别人信息

在网络上说一些别人不赞同的话，也许那些不赞同的人就会将你的个人信息公之于众来回敬你，这种做法有的时候会导致一些非常糟糕的后果，比如受到威胁和骚扰等。

4. 人肉搜索

一个网络事件发生后，怒火难熄的网友们好奇于当事人的身份、家庭背景、社会背景，然后人肉搜索就派上了用场。当事人的个人信息，包括家庭住址、身份信息等就会被一字不差地公布到网上。

5. 网络欺凌

网络欺凌是网络骚扰的始祖，一般网络欺凌是用各种电子通信方式来骚扰他们的目标。即时信息、短信、电子邮件、网站等社交媒介是常见行骗的开始，然后传播恶毒而又具有侮辱性的图片和话语。现在我们群体遭受网络欺凌的现象频繁发生，当遇到网络欺凌时一定要用前面文博士告诉大家的妙招来保护自己。

6. 网络跟踪

网络跟踪被认为是最危险的网络骚扰。威胁并不一定要针对通信的接收者，事实上，许多恶毒的网络跟踪者绕开了攻击目标，直接威胁受害者所关心的人。

文博士给大家归纳总结的网络骚扰形式，希望能够给大家今后的生活提供一定的帮助。当然，大家肯定都想做互联网文明的保卫者，那我们就要尽自己最大努力从自身做起，树立自我保护意识，学会自我保护，努力净化网络环境。

知识万花筒

网络跟踪：网络骚扰信息与平常的垃圾信息不同，网络骚扰的目标是特定的用户，而且经常伴随着威胁信息。而网络跟踪指通过即时通信工具及社交网站来收集受害人信息，进而追踪受害者并对其进行骚扰，且很容易成为一种犯罪行为。

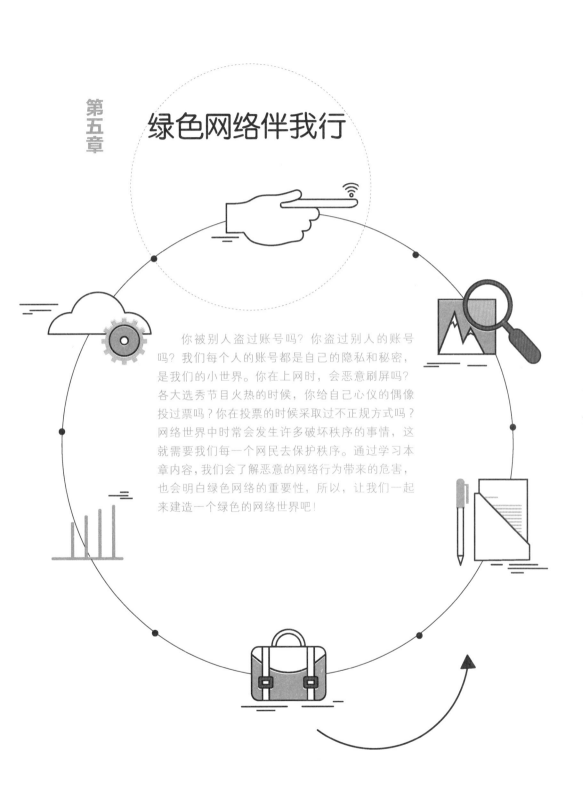

第五章

绿色网络伴我行

　　你被别人盗过账号吗？你盗过别人的账号吗？我们每个人的账号都是自己的隐私和秘密，是我们的小世界。你在上网时，会恶意刷屏吗？各大选秀节目火热的时候，你给自己心仪的偶像投过票吗？你在投票的时候采取过不正规方式吗？网络世界中时常会发生许多破坏秩序的事情，这就需要我们每一个网民去保护秩序。通过学习本章内容，我们会了解恶意的网络行为带来的危害，也会明白绿色网络的重要性，所以，让我们一起来建造一个绿色的网络世界吧！

▶ 第一节 远离恶意刷屏，营造清朗网络空间

文明 故事会 ··

　　小远是一个在读初一的男孩，才从小学升入初中，他感到很不适应，一下子作业任务加重，上课也跟不上老师的思维，老师在讲台上面讲，他在座位上云里雾里，不知所云。这种在学习上的负担，回家也不能减轻。爸爸妈妈总是不在家，各自忙着自己的事业，年迈的奶奶对孙子的学习也是有心无力。小远急于想找个人倾诉自己的烦恼，奈何无人搭理。

　　爸爸妈妈为了与儿子保持联系，就给小远配了一部高档的智能手机，希望能经常与儿子视频。可是小远为了"缓解"自己的压力，迷恋上了一款叫三国的游戏，里面有全国各地的玩家一起组团做任务，游戏里每个人可以自由自在地发言。他喜欢玩一个战士的角色，在做任务的时候也喜欢指挥队友作战，队友也比较听从他的指挥，慢慢地，小远喜欢上了他在游戏里的角色定位，他感觉自己得到了队友的认可

哈哈，你今天吃饭了吗？
哈哈，你今天吃饭了吗？
哈哈，你今天吃饭了吗？
哈哈，你今天吃饭了吗？

和重视。

但是好景不长，在一次做任务的时候，因为小远的错误指挥，让团队战败了。队友自然对他埋怨多多，从那以后每次做任务时总有一个玩家取代小远的位置，来指挥大家作战，不管小远在队伍聊天室里怎样喊叫，大家都对他置之不理。小远内心感到烦躁，他开始在队伍聊天室里重复发些无聊的内容，比如"哈哈，今天你吃饭了吗？"。不停地复制、粘贴，队伍聊天室里不停重复地滚动着他的发言，导致队友无法正常聊天。大家不得不叫他停止这种行为，但他竟然从中获得了捣乱的快感。他开始发一些带有辱骂性的词汇来抨击队友，最后队友在游戏中举报了他，游戏部门便封了他的游戏账号。

文博士课堂

故事中的小远在玩游戏时感到不愉快，便在游戏中恶意刷屏，扰乱队友的正常交流，甚至辱骂队友，并乐在其中，这带给他的不仅是封号，还让他失去了昔日一同作战的队友。那么恶意刷屏有哪些危害呢？文博士给大家分析一下。

1. 影响网络秩序

我们在网络大世界中，大家都有自由发言的权利，但自由发言不是让我们肆无忌惮，更不是恶意刷屏。网络的正常秩序需要我们去维护，网络文明也需要我们去守卫。我们不能像故事里的小远一样，因为学校的巨大学习压力，为了宣泄自己的情绪而恶意刷屏，甚至辱骂网友。

2. 适得其反，自我身心健康受影响

我们在什么情况下会刷屏呢？一般是在有抵触、愤懑、压抑等负面情绪的时候，这时如果我们选择发泄的方式不正确，只会让我们产生更多的负面影响。就像故事中的小远一样，因为刚升入初中无法适应新环境下的学习，便选择了用游戏逃避自己的压力。虽然他在游戏里获得了

满足感和成就感，但是当发生变故时，他不能很好地面对，而是幼稚地恶意刷屏企图引起队友的关注，当队友对他埋怨颇深时，他又用言语辱骂队友，自己的压力不但没有得以发泄，反而使事情变得更糟糕。最终队友在无法容忍的情况下举报了他，不仅让他的游戏账号被封，失去了队友，还影响了自己的身心健康。

3.有价值的内容被淹没，他人情绪受影响

我们在关注某一些热点话题时，如果被人恶意刷屏，别人在关注时就很难看到这些有价值的内容，会浪费别人的时间。而且，当我们刷屏的内容无聊且消极时，我们的恶意行为会扰乱他人的正常娱乐，会影响他人的情绪。

我们可能都有这样的困扰——为什么自己会厌学呢？其实，对于绝大多数的厌学情绪，并非是我们因为厌学而学不好，而是因为学不好而厌学。这恐怕是由于"学不好"让我们多多少少有了些自卑心理，影响了我们的学习态度。这样多次的失败经验使我们的自我效能感降低，产生了惯性无助，进而对学习产生了厌恶或者恐惧情绪。我们不要因为"学不好"就放弃学习，我们也不要因为"学不好"而沉迷游戏，更不要出现恶意刷屏这种不文明的网络行为。要知道，我们是网络文明的守卫者，网络世界的清净需要我们一同去捍卫。

恶意刷屏给我们带来如此多的危害，那么我们到底该怎么解决这个问题呢？让我们试一试这些方法。

1.加强认识，防患于未然

首先，我们要从本质上认识到恶意刷屏不是一种恶作剧，这是一种扰乱网络秩序的行为，情节严重的甚至是违法的。如果我们刷屏只是发一些无聊的口水话，可能只是引起别人的反感，你不会觉得有什么后果。

但是，若我们刷屏发一些带有侮辱性、不文明的词汇，这时我们可能就会被举报或投诉，甚至会被封号。然而，封号并不是最可怕的，可怕的是我们每天混迹在网络的世界中，各种恶意刷屏，一不小心还可能转载别人的链接刷屏，那可能是黄色营销或者其他严重的网络犯罪，那我们就可能会被警察叔叔带走了。

2. 找到兴趣，转移爱好

我们应该找到自己的兴趣所在，把自己不喜欢的东西和感兴趣的东西进行综合，发现交叉点。比如，我们有的很爱打篮球，不爱学英语，那么我们就可以去收集一些关于篮球方面的英语知识，这样就能学以致用，一边打篮球一边还能学习英语，并且发现学习的乐趣。这样把学习当作一种乐趣，可以大大降低自己的厌学情绪，减少对网络的需求，内心没有不满，自然也不会上网发泄不满。

3. 科学规划，保持积极性

除了上述方法之外，我们还可以用科学的方法保持学习的积极性。

首先，连续长时间的学习很容易使自己产生厌烦情绪，为了对学习产生兴趣不妨给自己定一些时间限制。我们可以把功课分成若干个部分，把每一部分限定时间，例如一小时内完成这份练习、八点以前做完那份测试等，这样不仅有助于提高效率，还不会产生疲劳感。其次，如果可能的话，逐步缩短所用的时间，不久我们就会发现，以前一小时都完不成的作业，现在四十分钟就完成了。再次，我们不要在学习的同时干其他事或想其他事，不要一心二用。最后，不要整个晚上都复习同一门功课，这样做不但容易使人疲劳，而且效果也很差。

美好青春岁月，学习才是我们的大事，我们不能把大把时间花在无聊的刷屏上，我们发的内容也在一定程度上也体现了自己的个人素质，文博士想大家一定不希望自己是一个年幼的"键盘侠"吧。

知识万花筒

键盘侠：部分人在生活中胆小怕事，但一旦脱离人群独自面对电脑敲键盘或用手机进行网络评论及聊天的时候，便可以毫无顾忌地谈笑风生，对社会各个方面评头论足。易盲目跟风，成为他人利用的对象。

 **文明**小贴士

我们在互联网上恶意刷屏，是一种严重危害网络正常秩序的不文明行为。我们应该积极响应国家净化网络环境的政策，维护网络正常秩序。为了避免我们恶意刷屏，文博士就给大家支支招。

1. 不要连续发送同样的内容，哪怕再美的事物，每个人都有审美疲劳。

2. 宁缺毋滥。不要没话找话说，发一些无聊的内容。有时候默默关注就是最好的方式。

3. 不发太负能量的内容，直接找朋友倾诉可能还更好点。不要指桑骂槐，更不要有地域歧视。

4. 不盲目跟风，要有自己的主张和立场。

5. 学会尊重他人，对于网友有价值的内容要积极支持。

6. 在遇到恶意刷屏的行为时，不要采取争论等不正当的方法，要第一时间投诉和举报。

7. 学会和朋友分享快乐，分享生活。再美的事物都要学会和朋友分享，网络上的人未必关心你的生活。

通过文博士给大家的方法，相信我们以后在上网时会更加自觉维护网络秩序，不会出现恶意刷屏这样的不文明行为，积极做一个充满正能量的网络文明捍卫者！

▶ 第二节　请再次输入你的密码

文明
故事会

　　田田和大多数的初中学生一样平时乖乖端坐在教室上课，但是他又和大多数初中学生不一样，他在课余时间总是紧盯着他的手机，秘密地做着什么。

　　15岁的田田疯狂喜欢电子产品，新出的手机、游戏机等他都收入囊中。班里的同学不由得羡慕他宽裕的零花钱。只是他们不知道的是，田田如他们一样，父母每个星期只给他基本的生活开销，并没有给他多余的钱。

　　那么，他哪来这么多钱购买这些高端的产品呢？这就要从他所谓的兼职说起了。

　　田田在一个网游里认识了一个自称做 IT 业的小流。有一次，田田无意透露出他想要赚钱来购买手机，小流便提出他那有个兼职可以介绍给田田，并且收入颇丰。田田毫不犹豫地答应了，小流告诉他只要给别人发送一些广告链接就可以赚钱，他感觉自己接到了馅饼，轻轻松松

请再次输入你的密码

www.123x.com

登录

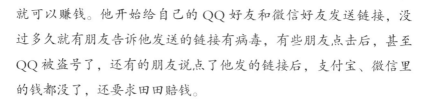

就可以赚钱。他开始给自己的 QQ 好友和微信好友发送链接，没过多久就有朋友告诉他发送的链接有病毒，有些朋友点击后，甚至 QQ 被盗号了，还有的朋友说点了他发的链接后，支付宝、微信里的钱都没了，还要求田田赔钱。

田田渐渐明白了他发送的是什么链接，但他抵制不了每个月丰厚的回报，他像着魔一般开始疯狂地添加好友，发送链接。终于有一天，他在上课的时候被警察带走了。这时他才意识到事情的严重性，但是为时已晚。

文博士课堂

田田开始怀着兼职赚钱的心态去从事这项活动，但是后来他知道了自己发送的链接是不合法的，他依然为之。不得不说，他的做法值得我们提高警惕。我们需要认识到，制作和传播网络病毒是网络犯罪的一种形式，是人为制造的干扰破坏网络安全正常运行的一种技术手段。那么，文博士就来给大家说说网络病毒的危害。

1. 电脑运行变缓慢

网络病毒的危害会导致设备运行缓慢，病毒运行时不仅要占用内存，还会抢占中断，干扰系统运行。系统运行缓慢不仅会影响我们正常的上网，还会影响我们的心情。

2. 内存、磁盘空间被消耗

当我们发现自己的电脑并没有运行多少程序而系统内存已经被大量占用了，那么电脑或手机极有可能已经受到了网络病毒的侵害。消耗内存和磁盘空间是网络病毒的危害之一，我们一定要小心。

3. 硬盘、电脑数据被破坏

当我们的移动设备遭受网络病毒入侵后，可能会造成磁盘空间严重冗积，甚至是私密数据被盗取，危及我们的个人财务等。

4. 垃圾邮件收不停

我们在不慎点击了一些非法链接时，很有可能将自己的一些私密数据泄露，之后就会收到很多垃圾信息，甚至有可能造成电脑瘫痪。

5. 上网情绪受影响

当我们的移动设备运行缓慢时，可能会导致我们心情烦躁；当我们得知自己设备感染病毒时，会使我们出现愤懑、焦虑等情绪，极度影响我们的心情，给我们带来严重的心理压力。

6. 自我隐私被窃取

大部分木马病毒和计算机病毒都是以窃取我们的个人信息及获取经济利益为目的的，如窃取用户资料、网银账号密码、网游账号密码等。

网络病毒的迅速繁衍，对网络环境的净化构成最直接的威胁，已成为社会一大公害。由此可以看出，制作和传播网络病毒是一种危害自己和他人的不文明行为，我们都应该敬而远之。同时，勿以恶小而为之，不要以为我们只是动动手指头传播一个链接而已，殊不知这时自己已经是传播网络病毒的一分子，破坏了网络的正常秩序。虽然自己传播的是病毒但是可能会侵害他人人身安全和财产安全。

> **知识万花筒**
>
> **有关病毒、网络攻击违法犯罪的法律规定：**
> 《中华人民共和国刑法》第二百八十六条：违反国家规定，对计算机信息系统功能进行删除、修改、增加、干扰，造成计算机信息系统不能正常运行，后果严重的，处五年以下有期徒刑或者拘役；后果特别严重的，处五年以上有期徒刑。故意制作、传播计算机病毒等破坏性程序，影响计算机系统正常运行，后果严重的，依照第一款的规定处罚。

文明保卫战

看了前面所讲述的故事，我们要严禁制作和传播网络病毒，如果有人要求你转发某些链接，我们应该弄清楚链接的内容，不能成为传播病

第五章 绿色网络伴我行

毒的傀儡。有时候我们也可能是病毒的受害者，那我们怎么预防网络病毒呢？

1. 严把设备进口，从源头杜绝

在电脑硬件中，有几个进口，我们只要把进口把住关，病毒是进不了你的电脑的。

第一，上网。上网要通过网卡来传输数据，网络上什么都有，稍微一不小心，就很容易中病毒。

第二，光盘。某些盗版软件光盘和游戏光盘上携带有病毒，这种病毒是无法清除掉的，所以使用时要谨慎。

第三，U 盘或 MP3 播放器。这些设备很容易感染病毒，使用时一定要谨慎。

2. 杀毒软件不可少

我们的设备上没有安装病毒防护软件，很有可能就会被病毒钻空子。当我们用一台新电脑时，首先应该给它装一个杀毒软件。

3. 定期扫描是好习惯

如果我们是第一次启动防病毒软件，最好扫描一下整个系统，以查杀病毒。我们要养成定期扫描系统的习惯。

4. 防毒软件要更新

我们要对安装的病毒防护软件随时进行更新。一些防病毒程序带有自动连接到互联网上，并且只要软件厂商发现了一种新的威胁就会添加新的病毒探测代码的功能。但一些防病毒程序并没有自动更新的功能，因此还需要我们日常使用电脑时，随时注意更新。

5. 下载软件去官网

当我们需要下载一个新软件时，不要随意点击链接和下载软件，特别是那些含有明显错误的网页。如需要下载软件，请到正规官网下载。

6. 陌生网站需注意

当我们在冲浪时，注意不要访问无名和不熟悉的网站，尽量选择一些我们经常浏览的网站，以防止受到恶意代码攻击或是恶意篡改注册表和 IE 主页。

7. 陌生网友不聊天

当我们上网时，可能会有陌生人来加我们好友或者发送一些链接。此时切记，不要点开链接，更不要和他们聊天。因为，这些人很有可能是病毒传播者。我们要随时保持警惕，避免自己受到病毒攻击。

8. 小心 EXE、COM 等可执行程序

当我们看到附件中 EXE、COM 等可执行程序时，一定要保持高度警惕，这些附件极有可能带有计算机病毒或黑客程序，若随意运行，很可能会给我们带来不可预测的结果，不管是认识的朋友还是陌生人发来的电子邮件或链接都必须检查，确定无异后才可使用。

要预防病毒，首先我们要把好进口，不上色情网站，不浏览异常网页。我们平时用的手机和电脑也需要安装杀毒软件，并且养成定期杀毒的习惯。对于朋友或是陌生人发送的链接等程序，一定要检查确认无误后再运行。总之，文博士提醒大家，既不要做网络病毒的制作者和传播者，也要时刻保持警惕，避免成为网络病毒的受害者。

 文明小贴士

前面我们讲了一些关于预防网络病毒的事项，但是我们在上网时同样也会遇到很多软件，这里我们可以了解一些"流氓"软件，认清它们的特征和危害，远离它们。

1. 广告软件

广告软件是指未经用户允许，强制下载并安装在用户电脑上，或与其他软件捆绑，通过弹出式广告等形式牟取商业利益的程序。

它的危害：让用户强制安装并无法卸载；在后台收集用户信息牟利，危及用户隐私；频繁弹出广告，消耗系统资源，使其运行变慢等。

2. 间谍软件

间谍软件是一种能够在用户不知情的情况下，在其电脑上安装后门、收集用户信息的软件。

它的危害：用户的隐私数据和重要信息会被"后门程序"捕获，并被发送给黑客、商业公司等。这些"后门程序"甚至会导致用户的电脑被远程操纵，组成庞大的"僵尸网络"，这是目前网络安全的重要隐患之一。

> **知识万花筒**
>
> 僵尸网络：指采用一种或多种传播手段，将大量主机感染僵尸程序病毒，从而在控制者和被感染主机之间所形成的一个可一对多控制的网络。

3. 浏览器劫持

浏览器劫持是一种恶意程序，通过浏览器插件、BHO（浏览器辅助对象）等形式对用户的浏览器进行篡改，使用户的浏览器配置不正常，从而被强行引导到商业网站。

它的危害：用户在浏览网站时会被强行安装此类插件，并无法将其卸载，被劫持后，用户只要上网就会被强行引导到其指定的网站，会严重影响用户正常上网。

4. 行为记录软件

行为记录软件是指未经用户许可，窃取并分析用户隐私数据，记录用户电脑使用习惯、网络浏览习惯等个人行为的软件。

它的危害：危及用户隐私，可能被黑客利用来进行网络诈骗。

5. 恶意共享软件

恶意共享软件是指某些共享软件为了获取利益，采用诱骗手段、试用陷阱等方式强迫用户注册，或在软件体内捆绑各类恶意插件。

　　它的危害：使用"试用陷阱"强迫用户进行注册，软件集成的插件可能会造成用户浏览器被劫持、隐私被窃取等。

　　有了这几点可以从基本上判断网站的安全性，但是任何事都不是绝对的，为了保障自己的安全，我们在上网时要谨慎点击好友及陌生人发来的链接，小心才能驶得万年船。

第五章　绿色网络伴我行

▶ 第三节　票票皆辛苦

文明故事会

当 2017 年的快乐男声如火如荼地开播时，小飞也如痴如醉地迷恋着里面一位选手。初一的小飞，作业并不繁重，再加上正值暑假，小飞有大把的时间来守着电视，观看节目。当比赛进入后半段时，比赛规则规定选手需要网络投票来进行排名。开始小飞偶像的票数还是保持第一，但是不久之后便被另外一位选手反超了，这可急坏了小飞。

但是网络投票规定一台电脑只能投一票，小飞已经把周围能用的电脑都用了。一次偶然，小飞在网上看到了可以修改 IP 地址进行无限投票的软件，他便花钱买了这个软件。小飞每天便坚守在了电脑面前，为偶像贡献一份力量。但是一己之力实在薄弱，小飞偶像的网络票数依然没有名列第一，这可担心死他了。

小飞通过粉丝贴吧知道了投票可以通过网络中介购买票数。"你买哪个明星？买多少票？我们这 100 元可以买 10000 票。"网络中介表示他们是一个专业的上线组织，让

小飞放心。于是小飞便花了 100 元试了试，试后他发现有成效便开始不断地花钱买票。

但是他的零花钱总有用完的一天。比赛还没有结束，投票还在继续，怎么办呢？

他就学着别人做所谓的兼职，就是联系客户买票，他也成了网络中介的一员。他又用挣来的钱给偶像买票，这样便陷入了买票、卖票的恶性循环之中。他也担心过这种行为是否合法，但是他见周围许多人都这样做也没出什么大事，便觉得放心了。但是他的这种行为，真的是正确的吗？我们来看看文博士怎么说。

文博士课堂

网络投票有的规定一台电脑只能投一票（除非换网络端口），因为每个上网接口的 IP 地址是不变的，投票后，这个 IP 地址就会被记录，就不能重复投票了。

但为了可以利用一台电脑重复投票，网上出现了可以不停地更改电脑上网 IP 地址的软件。同时，也有人雇用一些成天在网上待着的人，替参赛者不停地投票。当然，前提是每一票都要付报酬。而有些人忙不过来的时候，就会发展"下线"，把提成降低一些，从中赚取差价。

> **知识万花筒**
>
> **IP：** Internet Protocol（国际互联网协议）的缩写。IP 是构成互联网的基础，设计 IP 的目的是提高网络的可扩展性。

但是，这样的行为危害重重。那么，网络"刷票"到底有些什么危害呢？下面，文博士就给大家分析一下。

1. 浪费我们的时间和精力

我们在投票时，为了争取那所谓的"第一"，将大部分的时间都用在了投票上，不仅自己要不停地投票，还要呼朋唤友一起投票，把大部分时间都耗在了投票上，严重影响了我们的学习和生活。

2. 给朋友带来不少困扰

毕竟，谁也不想票数落后。所以，我们有时候会厚着脸皮让亲戚朋友帮忙投票，亲戚朋友碍于情面会选择投上一票。但是很多投票并不是一天就结束，它需要在一段时间内，每天不断地投票。一次帮忙可以，但是每天叫亲戚朋友帮忙投票，小麻烦，就变成大打扰了。

3. 容易泄露个人隐私

我们在投票时是否会遇到这样的情况：需要填写自己详细的信息，如哪个学校、哪个班、姓名，甚至家庭住址、联系方式等。这些信息，如果被一些别有用心的人看到了，那我们自己甚至家人都将可能陷入各种网络骗局。

4. 降低了网络投票信任度

小飞就是通过修改 IP 地址然后自己坐在电脑面前投票，不仅如此，他还花钱通过网络中介让别人投票。这种做法看似不违法，却违背了网络投票的意义。网络投票本来是科学技术进步的表现，但大量"刷票"行为的搅局，使网络投票严重变了味，把本来应当公开公平公正的参与表达行为扭曲成了一种不正当竞争行为，反而失去了民众对网络投票的信任度，这样让票高者得不到人们的认可。

从小了说，小飞的做法是一种不诚实的投票，但从大了说这是一种破坏网络投票规则，破坏比赛规则，甚至是破坏网络文明秩序的不良行为。

我们还处在对社会懵懂的时期，但是我们要对法律法规有一定的了解，就算这些行为不会让我们背负严重的刑法责任，但是我们也要问问自己，这些行为是否正确？是否伤害了他人？是否破坏了社会秩序？如果是，立即改正，也不失为一个优秀的青少年。

"刷票"这种舞弊行为如果泛滥，不仅会使评选活动变味，还会挑战现有的社会价值和固有的道德观念，从而影响社会集体意识的健康发

展，损害整个社会的诚信体系。我们应该做到不为了追求偶像明星等通过特殊渠道购买票数，应该认识到这种"刷票"行为严重破坏了网络投票秩序。那我们应该怎样防止这样的情况呢？

1. 坚持一人一票

首先，我们应该从自身出发，坚持一个 IP 一票的原则，不能通过各种软件来刷票。尽管我们的投票对象票数严重落后，我们也应该通过正规途径积极拉票，比如在不给亲朋好友造成困扰的前提下，发动他们参与投票。

2. 兼职刷票不可为

我们不管是出于什么原因，都不能有恶意"刷票"的行为，我们看似只动了动手指进行重复的投票，并且还赚取了零花钱，实则这些行为都是网络投票黑市的助推器，我们无形中已经成为网络投票黑市中的一颗棋子。我们应该认清什么样的兼职是不能做的，我们不能助长这种行为，并要杜绝这种不正规的投票方式。

3. 理性"粉"偶像

我们在追求自己喜欢的明星时，不能去破坏比赛规则，谁都想要自己喜欢的偶像获得胜利，但是赢也要赢得光彩，要明白我们喜欢偶像不是因偶像票数高，而是因为偶像的才华和魅力。我们不能为了追星而去做一些盲目的事情，那样不是爱偶像的表现，只会给自己的偶像抹黑。

4. 发现违规快举报

我们遵守规则的同时，也要坚决抵制类似的情况出现。在发现有恶意"刷票"行为的时候，要立即通过官方渠道举报，以提高票数的可信度。

总而言之，对于网络"刷票"的行为，我们要坚守自己的原则，不去破坏比赛规则，维护好网络世界的秩序，努力做到：坚持投票规则，

正视偶像心理，搞清兼职背后，举报违规操作。

同时，我们要充分发挥自己的聪明才智，给主办方提一些切实可行的建议。通过这些积极向上的行为，文博士相信我们的活动投票会越来越有公信力，网络"刷票"也会逐渐失去市场。

网络恶意"刷票"行为的存在，严重破坏了比赛规则，使比赛失去了公平公正公开的意义。那么，接下来我们就来了解一下恶意"刷票"者惯用的几种操作方式，帮助大家认清网络恶意"刷票"这种不文明行为的真面目。

1. 自动投票

简单地说就是编一套程序，刷票者用若干台电脑，或他们自己的服务器，不断地模拟电脑用户访问投票网站，形成投票的假象。这种方法的最大缺陷是同一台电脑的 IP 地址和网卡地址等信息是固定的，如果投票网站规则设计为同一 IP 无论点击多少次，都只记录为 1 次，那这种方法就没用了。

2. 更新 IP，重复投票

这样的方式就是通过设计程序更新电脑的 IP 地址，以实现重复投票。对于这种方法，投票网站可以采取技术措施识别投票的计算机，一台计算机只能投票一次。

3. 用病毒程序操控他人电脑

这种方式就是刷票者通过一些链接等方式，将木马程序植入电脑用户(这些用户并不知情)进行投票操作。即便如此，如果投票网站设计有"验证码"，需要用户手动操作的话，这一招多半就会失效。

4. 动用人工手段

一般小规模的"刷票"公司能够动用几百人同时参与投票，有些能做到几千人进行"刷票"也并非难事，但价格相对要高很多。从防范上看，对于这种规模化、雇人实际操作的行为，如果单纯从技术角度防范比较难，因为它本身就是不同的人在投票，和其他参与者投票的行为一模一样。

所谓"知彼知己者，百战不殆"，了解了这些恶意"刷票"的操作模式后，我们才能更好地避免和杜绝恶意"刷票"。这种行为还游走在法律的边缘，我们不能做法律边缘的行尸走肉，要做勇于打击和举报网络不文明行为。

第四节　不盲目崇拜黑客，不做网络破坏者

文明故事会

　　17岁的少年小叶，曾经的梦想是开一家网吧。因父母离异，家境困难，他14岁初中毕业后就去打工了。以前他在学校的时候也不喜欢上课，但是每次上计算机课的时候他是全班最积极的，他对电脑有一种骨子里的痴迷。

　　所以，他最开始干脆就在一家网吧当网管，他想着以后每天都能接触电脑，简直太美好了。后来他觉得网吧上班太无聊，学不到有用的电脑技术，而且赚钱也少，索性辞职自学网络技术。

　　小叶在电脑方面悟性很高，加上对网络黑客本来就特别感兴趣，

不久之后他就借助黑客技术，成功盗取了他爸爸银行卡里的一万元钱。对于他来说，这一万元简直就是一个天文数字，他每天都出去吃吃喝喝，叫上朋友出入市里的高档酒店、KTV。

　　不久，这一万元就用完了，但是他尝到了黑客技术给他带来的甜头，于是他相继破译了多个

银行账户的资料，再利用网络支付漏洞盗刷他人银行卡，足不出户牟取暴利，涉案金额近几十万元。正在小叶觉得人生无限精彩的时候，他并不知道自己已经犯罪，早就被公安部门盯上了。最后小叶被关进了看守所。

文博士课堂

国内网络黑客数量及入侵案件呈不断上升趋势，虽然相关部门采取了一系列措施进行压制，但是它仍然存在着很大的威胁。下面，文博士就给大家讲讲网络黑客可能造成的危害。

1. 非法入侵我们的系统，窃取我们的隐私

网络黑客通过制造木马程序或运用黑客工具，入侵我们的移动设备，以达到窃取我们资料或隐私的目的。我们在遭受这种情况时，不仅会导致设备瘫痪，还有可能损害我们的个人名誉，受到敲诈和勒索等。

2. 入侵金融系统，窃取商业信息

网络黑客利用专业的手段可以入侵有漏洞的金融系统，以达到窃取商业信息的目的。当黑客窃取了有价值的商业信息时，利用这些信息进行诈骗或贩卖而从中获利，这不仅影响了正常的商业活动，还损害了市场的公平性。

3. 入侵政府系统，充当政治工具

专业黑客通过入侵政府信息系统盗取国家机密等，严重危害了国家的安全，这种行为造成的损失是用金钱无法衡量的。

4. 影响社会正常秩序

黑客技术是一把双刃剑，虽然很多黑客声称自己无意对社会造成危害，只是研究各种系统漏洞，但事实上黑客还是对社会的正常秩序造成了影响，我们不能被黑客的表面说法所蒙蔽，一定要辩证地看待他们。

5. 给我们带来极大的心理恐慌和精神压力

黑客不仅会盗取我们的个人信息，窃取我们财物，还会让我们的心

理陷入极大的恐慌之中，当我们越来越知晓世界上许多黑客非法作案的事件时，我们也会随时担心自己的信息和财物被黑客窃取，精神也承受巨大的压力。

在我们生活中，我们注意观察的话，会发现很多类似的所谓"黑客"犯罪案件，像小叶这种情况有很多。我们应该认识到这是犯罪行为，不是显摆计算机技术的行为，更不应该利用所谓的"高超技术"来盗取别人的信息和钱财。网络的秩序和文明需要靠我们去守卫，我们一定不要去触犯法律法规，阳光大道，一路繁花才是我们青少年的正途。

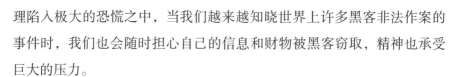

文明保卫战

现在有很多黑客不是用高超的计算机技术做有意义的事，而是毫无目的地入侵，破坏着网络，他们并无益于电脑技术的发展，反而有害于网络的安全和造成网络瘫痪，给人们带来巨大的经济和精神损失。那么，我们如何预防网络黑客，避免自己受到网络黑客的攻击呢？

1. 账号密码设置要复杂

什么样的密码才是复杂的密码呢？答案是字母＋数字＋大小写区分＋各种符号，这样的密码才算是一个复杂的密码。最好不要用自己的生日、电话等简单的数字作为密码，这样稍微知道我们个人信息的熟人都有可能破解密码，被盗的风险性极高。

2. 上网冲浪要谨慎

恶意链接、恶意软件、恶意邮件以及恶意的网站等都非常危险。平时我们上网的时候，一般情况可以避开这些黑客风险，但也可能因为一时的疏忽就落入了黑客陷阱，成为黑客的"盘中餐"。所以说，我们在上网时一定要提高警惕。

3. 定期更新系统补丁

不论我们使用 Windows 还是 mac，保证最新的补丁更新是解决漏洞的好方法。例如微软、Adobe 和 oracle 等系统程序的开发公司，公司的安全研究人员会将发现的安全威胁进行修复，并且定期发布补丁，以防漏洞被不法分子所利用。

4. 只安装受信任来源的软件

现在安卓和 Windows 的软件都在变得越来越开放，开放的同时带来了不小的安全隐患，很多软件的信息源是存在安全风险的，我们一定要当心。所以说，在下载软件的时候，要到官方网站下载，选择正规来源的软件，避免危险的恶意软件、间谍软件以及广告软件等。

5. 定期对电脑进行系统检测和病毒扫描

杀毒软件是很有必要的，尽管有些杀毒软件会影响我们使用电脑。很多人有这样的体验，安装了杀毒软件以后电脑运行速度突然变慢了，这是因为很多的杀毒软件是需要开机启动的，所以会拖慢电脑的速度。虽然会拖慢电脑速度，但是千万不要等到被黑客攻击了再后悔。

6. 注意路由器和公共无线网络的安全性

现在公共无线网络有很大的风险，因为大多数的路由器在安装的时候并没有安全保障。我们在公共场所时大多会选择使用公共 Wi-Fi，这时候就要特别注意是否安全，不能因为一时方便，反而陷入圈套。

看了文博士给大家的建议，我们是不是开始思考平时自己上网的一些行为是否存在安全隐患了呢？其实，预防网络黑客最根本的是要我们随时保持警惕，并且有一个良好的上网习惯，这样一来，文博士相信我们都能在网络世界寻得清净。

文明 小贴士

作为青少年，我们的第一要务是学习，如果我们对电脑技术感兴趣，立志钻研计算机，那么我们也应该做懂得是非观的 IT 人才。这里提供给大家几点建议。

一是正视网络黑客的所作所为，整理清楚自己对他们的态度和认识，要认识到学习和运用网络技术一定要在合理合法的范围内。

二是课余时间可以买一些计算机技术的书籍看一看，让自己对计算机技术有一个基础的认识，审视自己对网络技术的态度是真正的热爱还是只是好奇。

三是如果自己对计算机技术深感兴趣，我们也可以利用网络，上上关于计算机技术的论坛，和网友谈论彼此之间感兴趣的话题，增长自己的网络知识。

四是在学校开展的计算机课程中积极参与学习，认真听取老师的讲课内容，做到学习网络技术的第一步。

如果你对计算机技术有着浓厚兴趣，也想要得到认可，文博士倒是可以给大家介绍一些我们国家官方认定的考试，比如全国青少年计算机考试 (YNIT)、全国青少年信息学奥林匹克联赛等。

最后，还要提醒大家，学习才是我们当前的第一要务，看清楚自己的定位，可以把学习计算机技术当作我们的兴趣，但是万万不要因小失大，忽视了其他学科的学习，要把握好每一门学科的学习时间。

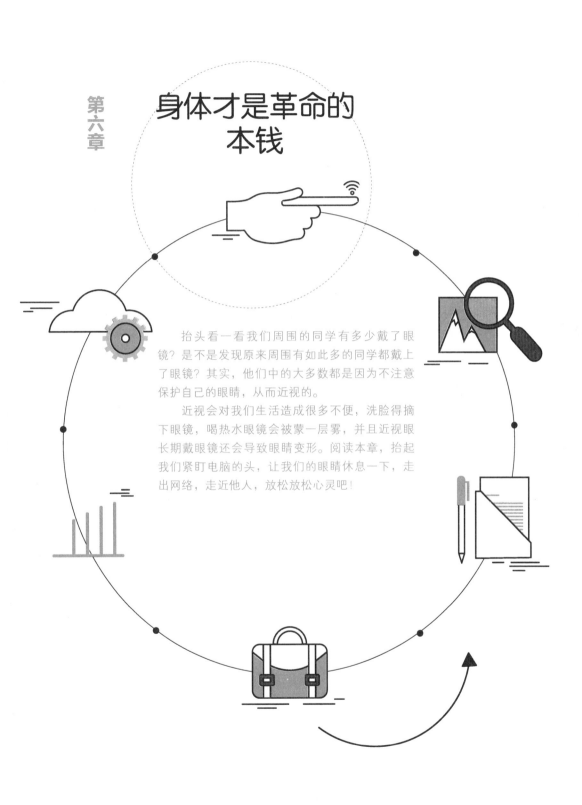

第六章

身体才是革命的本钱

　　抬头看一看我们周围的同学有多少戴了眼镜？是不是发现原来周围有如此多的同学都戴上了眼镜？其实，他们中的大多数都是因为不注意保护自己的眼睛，从而近视的。

　　近视会对我们生活造成很多不便，洗脸得摘下眼镜，喝热水眼镜会被蒙一层雾，并且近视眼长期戴眼镜还会导致眼睛变形。阅读本章，抬起我们紧盯电脑的头，让我们的眼睛休息一下，走出网络，走近他人，放松放松心灵吧！

▶ 第一节　你的眼睛还好吗

文明故事会

　　12岁的小明是一名资深游戏迷，每天一放学回家便打开电脑疯狂打游戏，吃饭、上厕所都暂抛脑后。渐渐地他发现上课看黑板模糊了，但是他也没在意。

　　他的生活还是一如往常，打游戏似乎已经成为他每天最重要的事情。他自己都没有意识到，自己的眼睛离电脑屏幕越来越近，像恨不得要钻进去一样。

　　就这样过了几个月，老师也渐渐发现了小明上课的状态越来越不对劲，坐在第二排上课，眼睛也一直眯着，似乎看黑板看得很费劲。正好这个月月考成绩出来了，他从年级前十名一下掉到七十多名，老师便找到小明谈话，小明说："我现在上课看不清楚黑板，走在路上都看不清行人，过马路都看不清过往车辆了。但是我又不敢告诉父母。"

　　得知了这个情况后，老师与小明的妈妈联系，让小明的妈妈带他去医院检查，这才知道他近视400多度了，必须配戴眼镜才能正常上课和出行了。小明的妈妈得到这样的消息自责不已，要不是平时太忙，忽略了孩

子上网时间和用眼卫生的问题，也不至于这样子。本来小明特别害怕妈妈会责备自己，但看到妈妈自责的样子，他更不是滋味，后悔当初自己只顾着上网，没有一个健康的习惯。可是，世上哪有后悔药卖呢？

文博士 课堂 ┄┄┄┄┄┄┄┄┄┄┄┄┄┄┄┄┄┄┄┄┄┄┄┄┄┄┄┄┄┄┄┄┄┄┄┄

我们都知道"眼睛是心灵的窗户"，世界的美好需要我们用眼睛去发现，但是近视眼的发病率不断攀升，我们的健康也日益受到威胁。看看我们周围戴眼镜的同学是不是越来越多？或许我们自己就是其中的一个。要知道，长期上网和上网习惯不好会造成我们的眼睛近视，那眼睛近视对我们有什么危害呢？下面，文博士就来给大家分析一下。

1. 容易受伤

如果我们得了近视，在一些情况下无法看清周围事物，存在很高的安全隐患。就算是配戴了眼镜，由于我们活泼好动，眼镜若不慎受撞击破碎，轻者可能眼睛被扎伤，重者可能导致失明。

2. 学习成绩受影响

近视之后，如果不配戴眼镜的话，就无法看清字，上课会相当吃力。配戴了眼镜后，又容易造成视觉疲劳，注意力无法集中，可能导致学习成绩下降。时间一久，如果我们不能以正面态度对待近视，可能会造成我们厌学等负面情绪，影响我们的日常生活和学习。

3. 影响我们的前途

我们的眼睛近视后，虽然我们依然能有一个不错的成绩，但是在之后升入大学时选择专业会受到限制，比如裸眼视力任何一眼低于 5.0 的，不能报考飞行技术、航海技术、消防工程等相关或相近专业；裸眼视力

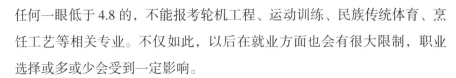

任何一眼低于 4.8 的，不能报考轮机工程、运动训练、民族传统体育、烹饪工艺等相关专业。不仅如此，以后在就业方面也会有很大限制，职业选择或多或少会受到一定影响。

4. 遗传后代

现代医学已经证明，由于后天因素造成近视，如果近视特别严重，极有可能遗传后代。因此，我们要特别注意保护眼睛，免受近视困扰。

5. 危害身心健康

由于近视，多种体育活动我们可能都无法参加，这不仅影响我们身体正常发育，致使我们虚弱多病，还让我们的身心健康受到极大影响。

6. 日常生活受影响

由于近视，我们日常生活存在不便，例如：交际、旅游外出、参加娱乐活动都会有很多困难，由此产生心理障碍。同时，天气变化也会带来太多不便如温差太大眼镜容易起雾，擦拭后带来镜片磨损，致使视物模糊，度数逐年增加。

我们为什么会近视呢？大多数人都是由于没有保护好眼睛，比如看电视离得太近、看书灯光不合理、写作业姿势不对，最主要的还是长时间上网。那么，不文明上网造成的仅仅是眼睛的近视吗？答案当然是否定的，它还会影响我们的身体健康，特别是影响正在长身体的我们。

既然长时间上网会让我们的眼睛近视，影响我们的身体健康和心理健康。那么，我们应该怎样保护自己的眼睛、爱惜自己的身体呢？文博士就来给大家支支招。

1. 站有站样，坐有坐样

在看书、写字、上网的时候，不要趴在桌子上歪着头学习，更不能躺着或坐在车上看书，看书写字的姿势一定要正确。写字、看书、上网时，要保持身体与桌面（电脑）的距离要在 30 厘米以上。

2.40 分钟要休息

不要长时间用眼，尤其是在用电脑、看电视、看书、写字的时候连续时间最好不要超过 40 分钟，用眼后要及时休息 10 分钟左右，做做眼保健操，看看远方绿色的景物，或者闭眼休息一下。

3. 饮食均衡，不要挑食

我们的饮食要做到粗细搭配、荤素搭配，保证微量元素和维生素的补充，多吃新鲜蔬菜和水果以及海产品等，少吃糖果及甜食。多吃一些对眼睛有益的食物，如胡萝卜、西红柿、玉米、菠菜等食物，对眼睛有保健作用。

4. 选择合适的上网环境

室内光照要适中，不可过亮或过暗，且避免光线直接照射屏幕，以免产生干扰光线。有空调的房间则应定期进行室内空气消毒，以控制污染。同时，要常开门、窗或用换气机，使室内空气流通。

5. 屏幕亮度要适当

电脑、手机屏幕的亮度要适当，清晰度要好，保持良好的坐姿，眼睛和屏幕要保持一定的距离，使双眼平视或轻度向下注视屏幕；敲击键盘不要过分用力，肌肉尽量放松；手腕尽量不要支撑在桌面边缘，以免腕部受压。

6. 上网后要洗脸和洗手

电脑屏幕表面有大量静电荷，易集聚灰尘，我们的脸及手等裸露的地方，容易沾染这些污染物，因此上网后一定要进行清洗。如果出现眼睛干涩、发红、有灼热感或有异物感，甚至出现眼球胀痛，就要特别注意啦，很大可能是患上了眼疾，要及时到医院确诊，合理用药治疗。

7. 保持充足睡眠，切忌熬夜

很多时候，在晚上会我们会躺在床上玩手机，这种习惯对眼睛是极其不好的。首先，光线对眼睛的伤害就比平时大；其次，我们正在长身体，需要充足的睡眠，熬夜会影响我们的成长。

第六章　身体才是革命的本钱

8. 培养多种兴趣爱好，冲淡对网络的依赖

我们可以出门和同学打打羽毛球，空闲时间写写日记，记录自己的成长经历和烦恼。不要把我们的大好青春浪费在无聊的网络闲逛上。

看了文博士给大家的上网妙招，现在好好思考一下：自己有没有沉迷于网络？打游戏控制时间了吗？看电视保持距离了吗？看书的灯光是否明亮？自己的兴趣爱好有哪些？文博士相信，把这些问题想明白后，我们一定会在网络文明的大环境中健康成长。

 **文明**小贴士

什么是近视眼？什么是近视眼镜？近视眼镜的度数要如何区分？下面，文博士就给大家带来一些关于近视眼的小知识，希望能帮助大家正确认识近视眼，进行科学防治。

1. 什么是近视眼？

在调节放松的状态下，平行光线经眼球屈光系统后聚焦在视网膜之前，称为近视。

近视眼也称短视眼，因为这种眼只能看近不能看远。这种眼在休息时，从无限远处来的平行光经过眼的屈光系统折光之后，在视网膜之前集合成焦点，在视网膜上则结成不清楚的像，远视力明显降低，但近视力尚正常。

2. 什么是近视眼镜？

近视眼镜是矫正视力，让人们可以清晰看到远距离物体的眼镜，目的是使眼球的睫状肌保持一定的调节能力。

近视眼镜对于高度近视引起的并发症，如视网膜脱落、玻璃体混浊、白内障、青光眼、眼球震颤等，均有一定的预防作用。

近视眼镜是凹透镜。凹透镜所成的像是小于物体的、直立的虚像。凹透镜主要用于矫正近视眼。近视眼镜镜片大致分为：抗反光防护镜片、彩色镜片、涂色镜片、偏光镜片和变色镜片五种。

3. 眼镜度数怎么区分?

眼镜片的屈光强度一般以度数来表示。一个屈光度,相当于一般人或眼镜店所讲的 100 度。视力问题越严重,所需要的镜片度数也越深,镜片也会越厚。

近视眼并不可怕,我们可以选择以下几个方式进行治疗。

① 配戴眼镜,这是目前最常见的治疗方式

近视后,配戴正确适当度数的凹透镜除可以提高视力外,还可以有恢复调节的作用,缓解视疲劳,预防或矫正斜视或弱视,减低屈光参差,有利于建立与发展双眼同视功能,近视散光者戴眼镜有可能阻止屈光度加深。

②手术治疗

这种方式,近些年在国内比较普遍,主要针对成年人。青少年身体尚未发育完全,这种治疗方式并不适用。

③药物治疗

用于治疗近视眼的药物种类繁多,如阿托品、新斯的明、托品卡胺等。这里只做简单的介绍,想要了解更多需要听从专业医生的指导。

④其他治疗

其他凡无害于眼而有一定理论依据的治疗方法,如雾视法、双眼合像法及合像增视仪、远眺法、睫状肌锻炼法等均可试用。

值得注意的是,以上提供的治疗方式,都需要在专业医护人员的治疗下进行。我们最需要的是保护自己的眼睛,如果患了近视眼,也一定要在家长的陪同下,到正规医院验光治疗。

第二节　虚拟世界勿沉迷，现实世界需积极

文明故事会

　　某中学的学生阿项因过分沉迷网络游戏，升上初中后不到半个学期就感觉学习生活有困难，父母不得不为他办理休学手续，带着他四处求医。尽管阿项休学已有一年多的时间，但其在校期间的种种怪异言行，不少老师和同学至今仍然印象深刻，对其因过分沉迷网络游戏而导致精神分裂，更是表示可惜。

　　据曾担任阿项课程的刘老师称，阿项一天到晚经常精神恍惚，上课时不断自言自语。刘老师好奇之下，问其跟谁说话，不料阿项竟说有人在他耳边说话。刘老师听了大为惊讶，立即将此事反映给家长，家长将他送到医院做详细检查。经检查，发现阿项患的是精神分裂症，估计是因长时间沉迷网络，精神一直处于紧张状态而得不到有效放松所致。

　　由于阿项已无法正常上课，父母只好给阿项办理了休学手续。而阿项的部分同班同学认为，阿项在班上绝对算是一个另类，行为古怪，平时和他没什么交往。"他的喜怒哀乐变化很快，一会儿高兴得手舞足蹈，一会儿又显得很沉闷，着实让人捉摸不透。"

一位同学表示，阿项在班上没有什么要好的朋友，上课不听老师讲课，下课后喜欢看窗外，脸上经常会浮现出诡秘的笑容。有段时期，有同学曾试图与他交朋友，但每每跟他谈话，他却从不回话，只是用笑容来回应，同学根本无法进其内心世界，最后只好放弃。

班主任称阿项在学校期间，问题越来越多：不讲卫生，随处吐痰，有时甚至还故意吐在同学身上；性情大变，胆子越来越大，多次无事生非挑衅同学；复仇心态较重，对同学有暴力倾向，同学间有小小的摩擦他都会进行复仇，缺乏同情心，严重影响课堂秩序和同学的团结；在校表现怪异，对自己的种种失常行为不能自我控制。目前，阿项因精神分裂症已经休学，至今还在求医途中。

文博士 课堂

像故事中的主人公阿项这样沉迷于网络的青少年在现实生活中确实存在。沉迷于上网的情况通常是以下三类：一是兴趣和爱好很单一；二是学习成绩较差；三是人际关系不好，没有交到知心朋友。

那么，互联网为什么会让我们沉迷其中呢？

首先，这与网络本身大有关联。网络是用现代高端的科技手段将各种五花八门的资讯汇聚起来的一个载体，是现实世界的虚拟，是一个没有城门的"不夜之城"。

其次，我们自身自控力差。我们对未知世界充满着好奇与想象，因为网络具有奇妙性，所以网络对于我们无疑具有巨大诱惑。但我们目前各方面都不够成熟，缺乏自控能力。因而，我们一旦置身其中，便可能会越陷越深，进而沉迷网络。

那么沉溺网络到底有哪些危害呢？

1. 身体状态会下滑

上网时间过长，不停地敲击键盘和使用鼠标，容易导致手部疼痛，

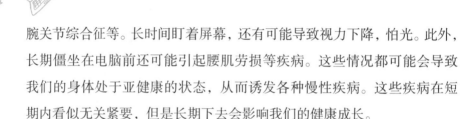

腕关节综合征等。长时间盯着屏幕，还有可能导致视力下降，怕光。此外，长期僵坐在电脑前还可能引起腰肌劳损等疾病。这些情况都可能会导致我们的身体处于亚健康的状态，从而诱发各种慢性疾病。这些疾病在短期内看似无关紧要，但是长期下去会影响我们的健康成长。

2. 成为网络"傀儡"

长期沉迷网络，会影响到平时的生活和学习，不仅让生活偏离了主旋律，让网络主宰了自己的生活，让我们失去了生活的重点，甚至会让自己的人生观和价值观发生扭曲，这是相当危险的事情。

3. 形成孤僻性格

如果我们一直沉溺在网络的世界中，不愿意与人进行交际，只愿意活在虚拟的世界里，时间长了容易孤僻。

久而久之，沉溺网络会影响我们的身心健康，甚至造成我们人格的缺陷，影响我们的发展与前途。

4. 学习成绩下滑

一直沉迷于网络世界，严重的可能造成精神颓废，学业荒废。我们一旦沉迷于网络世界中不能自拔，会让我们上课无法集中精力，导致学习成绩直线下降。

5. 走上犯罪道路

网络世界充斥着各种信息，我们在面对大量不良信息时，缺乏足够的抵御能力，极有可能走上违法犯罪的道路。

网络世界非常复杂，我们必须学会辨别。因为神奇的网络世界好似一片汪洋大海，我们永远不知道下面是否掩埋着巨大的危险。我们一定要充分认识到网络世界背后的危害，正确使用网络，切勿沉溺。

文明保卫战

既然沉迷网络对我们有如此重大的身心危害，那么我们应该怎么来正确使用网络，避免诸如故事中的这些伤害发生呢？

首先，我们应该认识到网络在带给我们五彩缤纷世界的同时，也将很多的隐患埋在了我们身边。我们既不能一味地否定它，当然也不能全盘肯定。作为一名青少年，我们必须辩证地看待网络带给我们的利与弊。

其次，我们在没有沉迷于网络前，应该进行预防。科学地使用网络，避免危害发生在我们身上。下面介绍的一些预防方法，我们可以试一试。

1. 利用一些小程序，限制上网时间

在电脑或手机中安装上这种程序，设置的时间一到，就不能再上网。我们还可以请家长进行监督，加大对我们上网的约束力度。

2. 多些现实生活中的社交行为

在家多与父母沟通、交流，在校多与同学一起学习、玩耍。很多沉迷于网络的青少年都有一个共性，那就是和父母、老师、朋友的关系越来越疏远，越来越不会和现实中周围的人沟通。

想要打破这一点，我们应该和父母、老师、朋友多多交流，交流你的心事、交流你的想法。良好的沟通不仅能够为我们营造出舒适的家庭和学校氛围，也能够让我们更受大家的喜爱。

3. 培养自己广泛的兴趣爱好

减少对网络的依赖，多方面发掘我们自己的兴趣和潜能，比如唱歌、跳舞、书法、绘画。可以多花课余时间在自己喜欢的兴趣爱好上，而不是一味地在网上打发闲暇时间。

4. 严禁入网吧上网

我国明确规定，18岁以下的未成年人是禁止进入网吧的。如果要进入网吧上网，都需要查验身份证。

即使规定如此，但很多网吧还是会偷偷地准许未成年人进入。我们千万不能瞒着父母、老师进入网吧，因为这已经涉及一个人的诚信问题和个人安全问题。在假期，可以多参加一些学校或社会组织的青少年公益活动，让我们的课余生活更有意义。

5. 制订一个明确目标，坚持不懈地努力

学习是我们当前的第一要务，我们要根据自己的实际情况制订学习目标。比如：下次考试要进步 10 名，每天记 30 个单词，下次数学考试达到 100 分等。当我们的生活有了明确的目标时，就没有那么多时间沉迷网络了。

文博士相信，只要我们按照上面的方法去执行，多和家人、朋友沟通，培养自己的兴趣爱好，以及不断给自己制订学习目标，我们的生活和学习会更加丰富多彩，沉迷网络的可能性也将会大大降低。

有时候我们对自己的情况可能不了解或者回避，下面这几点可以帮助我们很好地认识自己。一一对照下面列出的几点内容，看清楚自己是否过分依赖网络。

一是对上网有强烈的渴望或冲动，想方设法上网。这种情况就是你每天不想干别的事，更无心学习，尽管家长、老师反对，没有身份证，你还是要偷偷进黑网吧。

二是经常想着与上网有关的事，回忆以前的上网经历，期待下次上网。每次上网之后，都感觉意犹未尽，想着什么时候再去网吧。

三是多次对家人、亲友、老师、同学或专业人员撒谎，隐瞒上网的程度，包括上网的真实时间和费用。管爸爸妈妈强烈反对你上网，你可能撒谎隐瞒自己的上网事实。

四是自己曾经做过努力，想减少或停止上网，但没有成功。

五是若你几天不上网，就会出现烦躁不安、焦虑、易怒和厌烦等症状，上网可以减轻或避免这些症状。你明明控制自己几天不去上网，但是你发现没网的日子真的不高兴，并且当你又上网时，发现自己非常高兴。

六是尽管知道上网有可能产生或加重原有的躯体或心理问题，但仍然继续上网。

如果我们发现自己有以上几种情况，那么就需要特别注意了，但是也不要慌张，我们可以按照文博士前面给大家的建议来帮助自己。总之，我们必须要认清现实世界与虚拟网络世界，不要沉溺于虚拟世界，耽误了大好青春。

第三节　别迷恋网络，瘾不是个传说

11岁的明明是一个性格开朗的阳光男孩，一直以来都是父母眼中的乖孩子，老师眼中的好学生。可就是这位乖巧听话、成绩优异的孩子，现在却让父母伤心绝望。

一年前，父母出于帮助明明学习的心态在家安装了电脑。一开始，明明也只是利用电脑查找学习相关的资料，但由于父母工作太忙，极少有时间陪伴和监督，一次无意间的小游戏便让明明爱上了网络游戏。

此后，电脑在明明的生活中不再是学习的工具，他完全沉迷在虚拟的网络游戏世界中，不可自拔。在学校，他上课注意力不集中，喜欢发呆，经常扰乱课堂秩序，还常常不交作业，更严重到逃学去网吧，一进网吧便两眼放光，异常兴奋。他经常与网友为伍，远离了学校的小伙伴，成绩更是一落千丈。在家里，他也是无精打采，沉默寡言，对父母充满了敌对，原本和睦的家庭变得日益紧张。

之后，他外出的时间越来越长，

还经常夜不归家。为了上网不惜撒谎、偷父母的钱。父母各种方法都尝试了，依旧无效，与他谈心，他也只是支支吾吾。那段时间，他脑子里只有上网，只有游戏。幸运的是，后来，在专业人员的帮助下，明明戒掉了网瘾，恢复了以前的生活。

究竟是什么让原本开朗阳光、成绩优异的明明变成如此模样呢？在文博士看来，明明之所以从"好孩子"变成"坏孩子"，责任不仅仅在于他自己。接下来文博士就给大家普及一下青少年网络成瘾的原因及危害。

1. 我们网络成瘾的原因

①孤独

现在绝大多数的青少年都是独生子女，压力过大，缺少陪伴，我们内心时常会感觉到孤独。

②逃避

在经历波折时，我们不太喜欢与人交流，往往在网络寻求"理解"和帮助。

③好奇心

我们总是充满极强的求知欲和好奇心，对新鲜事物的接受度和认同感都很强，所以我们对网络充满了无限好奇与想象。

④"大人"意识

随着生理发育日渐成熟，我们潜意识里会把自己定位成"大人"，认为自己有判别是非黑白的能力，对网络也不例外。

⑤目标不当造成压力过大

家长或者我们给自己的目标不恰当，超出了我们当前的能力时，我们由于心理压力过大，网络便成为我们压力的"宣泄口"。

2. 网络成瘾的危害

①角色的混乱

网络成瘾者，过度地沉溺于网络中虚拟的角色，容易迷失自我，将网络上的规则带到现实生活中，会造成角色的混乱。尤其当我们在现实社会中与人交往受到挫折时，会转向虚拟的网络社会寻求安慰，消极地逃避现实，这对我们的人格塑造是极其不利的。

②弱化道德意识，诱使走向犯罪的道路

在网络世界，人们的性别、年龄、相貌、身份等都能借助网络虚拟技术得到充分的隐匿，人们的交往没有责任也没有义务。同时，网络信息良莠不齐，其中不乏一些色情、暴力信息，涉世未深的我们很容易受到不良信息的诱导，最终可能误入歧途。

③直接导致学习成绩下降

染上网瘾的青少年，被网络挤占了原本属于读书和思考的时间，在学习上无法集中注意力，会渐渐地降低我们对学习的兴趣，直接的后果就是导致我们的学习成绩下降。

④影响正确的人格发展

西方国家利用网络大力宣扬其政治制度和文化思想，以及网上大量的色情、暴力等信息泛滥，青少年网络成瘾者沉迷其中，是首当其冲的受害者，不利于树立健康的世界观、人生观和价值观。

同时，长久沉迷于网络，容易对真实生活中的人和事缺少兴趣，情感淡漠，和亲人、朋友之间的交往减少，将自己封闭起来。我们在网络上无拘无束的行为习性，容易导致自我约束力下降，如将这种习性带入现实世界，容易产生冲突，导致违规甚至犯罪行为。

⑤损害身体健康

对于处于身体发育关键阶段的我们而言，一旦沉溺于网络世界，长时间面对电脑，日常的生活规律完全被打破，饮食不正常，体重下降，睡眠减少，情绪不稳定，身体易变得越来越虚弱，更严重的后果是导致猝死。

文明 保卫战 ------------------------------

既然网络成瘾的危害如此之大，作为祖国未来人才的我们，如何拒做一名网瘾少年呢？下面，文博士就给大家支支招。

1. 重新认识网络世界

首先，认真思考自己对网络的认识，如"游戏真好玩""上网真刺激"等想法真的是我们对网络真实的认知吗？然后，反思这些认识是否真的是正确的，在自己心中先对网络画上一个大大的问号。

2. 自我提醒

用一张纸依次写上上网的坏处，按由重到轻的程度排列顺序。每天都进行 10~20 次的上网思想斗争，每次 3~5 分钟。也可以将上网的坏处贴在电脑、卧室墙上、门上等显眼的地方，时刻提醒自己上网的危害。

3. 自我辩论

通过想象自己上网成瘾之后的种种后果，如：父母伤心、同学笑话、老师不喜欢、自己身体变差等，让"理想自我"与"现实自我"进行辩论，进行心理斗争，从感情上战胜自己。

4. 自我暗示

当有了想上网的冲动时，反复给自己积极的心理暗示，比如"我要学习，学习使我快乐""我不能上网，我一定能做到"等。每一次抵挡住诱惑，认真学习，度过了充实的一天后，就进行自我鼓励，如"我做到了，我要继续加油，我是最棒的"。

如此循环往复，不断强化自己的内心，可以达到有效的自我控制，让自己戒掉网瘾。还可以将积极暗示或鼓励的言语写下来，贴在显眼的地方时刻提醒自己。

5. 培养良好的生活方式

我们要注重健康的生活方式，让自己的生活变得丰富多彩，积极参加学校或社会组织的活动，多做一些有意义的事情，从中找到自己的兴趣点，也容易将自己的注意力转移。

6. 寻求别人监督

当我们有了网瘾，一定不要认为可以凭借自己的力量戒掉网瘾，现在的我们没有那么强的毅力和自制力。只要我们发现自己有网瘾，并下决心戒掉，就要学会寻求他人的帮助，比如父母、同学或者朋友，让他们监督我们平时少上网，多做一些有意义的事情。

网络只是一个工具，是继报纸、广播、电视等传统媒介后的一种新型的、全方位开放的媒介。它与传统媒介具有相同的功能，具有一切传统媒介的优缺点，在许多方面又超越了传统媒介。网络是一把双刃剑，关键是看怎样用它，谁来用它。我们在使用网络时要充分发挥其正面作用，最大限度地抑制其负面影响。

> **知识万花筒**
>
> **媒介：** 指信息源和信息接收者之间的中介，可以是人，可以是机构，也可以是传递信息的物体。

文明 小贴士

如果我们沉迷于网络，大体上分为6种网瘾类型：

1. 网络游戏成瘾

我们利用网络最多的目的是休闲娱乐，而在休闲娱乐内容里面，我们大部分都会选择网络游戏。体验到网络游戏的快感后，我们渐渐沉迷其中，不能自拔。

2. 网络交友成瘾

通过 QQ 等聊天工具、网站聊天室进行人际交流，沉迷于网络聊天交友而不能自拔，将网络上的"朋友"看得比现实生活中的亲人和朋友更重要，追求浪漫故事，包括"网恋"。

3. 网络色情成瘾

沉湎于网络上的色情内容，包括色情文字、图片、电影和聊天等。

4. 网上信息收集成瘾

总是不能自制地在网上搜索或下载过多的对现实生活没有多大意义的资料或数据。

5. 计算机成瘾

对计算机知识特别感兴趣，沉溺于电脑程序，对那些新鲜的软件有强烈的兴趣，迷恋网络技术包括黑客技术，热衷于自建和发布个人网页或网站等。

6. 其他强迫行为

如不可控制地参与网上讨论、BBS 发表文章、购物、拍卖等活动。

程度不同、类型不同的青少年网络成瘾者的症状是不一样的，其身心所受的影响也是大不相同的。实际上，网络成瘾者多是以上几个类型的混合体。合理适度上网，养成良好的上网习惯，培养兴趣爱好，是我们避免网瘾必须要做的，也是我们应该做到的。

▶ 第四节 面对面，你我更亲近

"来啊，我们来组团打游戏啊！"

"等等，我还有几个朋友，我们一起。"

小赵在游戏中时常会和几个游戏中的朋友一起组团打游戏，在游戏中也是交流非常多。

"快来，快给他一个禁锢。"

"快，给我加一点儿血。"

"战士，快上，我们随后。"

小赵有时还会在游戏中充当领队的角色，指挥队伍的行动。从这些描述中似乎可以看出，小赵是一个开朗、健谈的孩子。但是，在学校和家庭中的小赵是另外一个样子。

在学校，每次下课的时候，同学们都在走廊打打闹闹，或者相约去小卖部买零食。但是小赵始终像一个不合群的孩子，一个人坐在座位上，默默地玩手机或者睡觉。班上的同学都认为他是一个内向的孩子，不善言谈，甚至不喜欢和同学玩，渐渐地大家都疏远了他。

放学回到家中，爸爸妈妈都不在家，小赵一个人把作业做完之后也无所事事，便打开电脑开始邀请游戏中的好友"开黑"。爸爸妈妈一般会在晚上11点之后才回家，那时他已经睡觉了，所以小赵晚饭一般都是自己解决。他可以在游戏中和网友谈天论地，组团"开黑"，但是在学校，他没有一个朋友，在家庭中，他总见不到父母。慢慢地，他在学校越来越沉默，没有同学和他一起玩，他也不知道怎么和同学玩了。小赵也很苦恼，可是却不知道怎么办。

文博士课堂

不少网瘾少年都是被网络游戏吸引，逐渐在现实中失去朋友，再去游戏中寻找精神寄托，从而进入一个恶性循环当中。他们在网络世界中是一个风趣的孩子，在现实生活中可能会是性格孤僻的"异类"，有不同程度的社交恐惧症。那么，社交恐惧症产生的心理原因有哪些呢？下面文博士就给大家普及一下。

1. 自卑心理

我们有时候会因为容貌、身材等方面的因素，在与他人的交往中有自卑心理，不敢阐述自己的观点，做事犹豫，缺乏胆量，习惯随声附和，没有自己的主见。在交流中无法向别人提供值得借鉴的有价值的意见和建议，让人感到与之相处是

> **知识万花筒**
>
> **社交恐惧症**：社交恐惧症又叫社交焦虑障碍。常发病于青少年或成人早期，男女概率均等。患者主要表现为对社交场合和人际接触的过分担心、紧张和害怕。
>
> 社交焦虑症涉及了精神疾病的范畴，当疾病发作时，患者内心无限地焦虑、恐惧、难安，总觉得有什么天大的事情要发生，出现头晕、恶心、失眠、颤抖、手足麻木等症状。此时，只依靠毅力是难以取胜的，患者一定要及时就诊。

浪费时间，自然会避而远之。

2. 嫉妒心理

在与人的交往过程中，嫉妒这一点我们一定要格外注意。在和人的交往中会出现以下情况，针对别人的优点、成就等不是赞扬而是心怀嫉妒，希望别人不如自己甚至遭遇不幸。试想，一个心怀嫉妒之心的人，绝对不会在人际交往中付出真诚的行为，给予别人温暖，自然不会讨人喜欢。

3. 多疑心理

朋友之间最忌讳猜疑，我们切记不要无端怀疑别人。有些人总是怀疑别人在说自己的坏话，没有理由地猜疑被人做了对自己不利的事情，捕风捉影，对人缺乏起码的信任。这样的人喜欢搬弄是非，会让朋友们觉得他是捣乱分子，避之不及。

4. 自私心理

有些人与人相处总想捞点儿好处，要么冲着别人的背景，要么想从别人那里得点实惠，要么为了一事之求，如果对方对自己没有实质性的帮助就不愿意和对方交往。我们要认识到这种自私自利的心理，容易伤害别人，一旦别人认清其真实面目后，就会坚决中断与其交往。

5. 游戏心理

在与别人的交往中，缺乏真诚，把别人的友情当儿戏，抱着游戏人生的态度，不管与谁来往都没有心理上的深层次交流，喜欢做表面文章。当别人需要帮助时，往往闻风而逃，这样的人是无法结交真正的朋友的。

6. 冷漠心理

孤芳自赏，以为自己是人中凤、天上仙，是人世间最棒的，把与人交往看成是对别人的施舍或恩宠。自我感觉特别良好，总是高高在上，端着个架子，一副骄傲冷漠的样子，让别人不敢也不愿意接近，我们要知道这样的人自然是不会拥有朋友的。

7. 成见心理

对己自由主义，事事放纵；对人事事计较，而且极为刻薄。因为一件事情而对别人怀恨在心，从此认定对方不值得交往。这样的人，在人际交往中往往容易走进死胡同。我们应该清楚没有一个人是永远不犯错误的。不懂得原谅，就不会拥有长久的友情。

8. 伪装心理

有的人在现实中总是习惯伪装自己，展现出来的往往是自己不真实的一面。如果一个人总是擅长说甜言蜜语、送"糖衣炮弹"，刚开始还能让人接受，但时间一长，不仅交不到真朋友，自己的心理也会备受压抑。

文博士给大家列举了以上人际交往障碍的心理原因，我们一定要好好反思自己有没有出现类似的交往心理。正视自己，寻找自己的问题，才能发现问题、解决问题，最终成为一名优秀的青少年。

文明保卫战

如果有一天，我们也如故事中的小赵一样，在现实生活中不能正常社交时，如何才能摆脱这个死循环，实现与人正常交流呢？

1. 要有自信（这也是最重要的一点）

社交困难很大程度上来自在社交场合中的害羞和焦虑。焦虑的时候，说起话来就会吞吞吐吐、胡言乱语、弄巧成拙，考虑过多，自己吓自己。

勇敢地说出自己的想法，不要害怕，克服自己的害羞和焦虑，让自己变得自信一点。如果我们可以用合适的方法来表达自己的想法，很有可能我们的一些建议会让别人积极采纳，我们的一些想法会让别人豁然开朗，拉近了彼此的距离，也让我们的社交更有自信。

2. 学习基本的社交礼仪

我们可以看看关于社交礼仪的书籍，规范自己的行为；也可以观察周围善于社交的人，他们是如何在人群中流利地交流的；也可以观看一些社交达人的视频、微博等，发现一些他们的社交技巧。在交往中切记不要打断对方的话，这是一个基本的礼貌，当然眼睛要看着对方以示注意。

3. 多和人接触，增加实践经验

当我们在和别人聊天的时候，多去观察别人交往的优点，发现自己不足的地方，学会总结，及时弥补自身不足。这样的实践会把我们从社交困难中解救出来，变成一个落落大方的人。

4. 认真倾听别人的想法

认真倾听是尊重别人的表现，同时认真倾听也是一个人成功的前提。如果我们总是刚愎自用的话，真的是很难成功的，我们心里要有各种不同的想法，才能更综合地看待事情，考虑事情才能更全面，而倾听他人则可以帮助我们获取更多的想法和灵感。

5. 尽量让自己有幽默感

人生中会有很多难做的事情，如果我们不会乐观对待，生活可能会很辛苦。想要有好的人际关系，最好有幽默感，这样才能和人更好地交流，也可以积累一些笑话，没事的时候让自己和别人开心一笑。

6. 分清场合，讲究方法

①公共场所，不要故意引人注目，喧宾夺主，也不要畏畏缩缩，自卑自贱。下课时不要在班上大吼大叫，影响他人休息。轮到自己发言时不要自卑，勇于表达自己的观点。

②不要对别人的事过分好奇，再三打听，刨根问底；更不要去触犯别人的忌讳。同学、家人之间存在一点儿秘密是好事，不要问别人不想说的事。

③不要搬弄是非，传播流言蜚语。不要到处说同学的坏话，己所不欲，勿施于人。

经过文博士的支招，是不是解决了我们的困扰呢？只要大家学会这些社交小技巧，并合理运用，相信我们的人际关系一定会越来越好。

文明 小贴士

看到这里，我们可能会有疑问，自己也不像故事中的小赵那样在现实中没有朋友，也没有用网络来寻找精神寄托，但是总感觉自己在社交方面也有一些小问题，无法判断自己有没有社交恐惧症。下面，文博士就帮助大家鉴别一下是否有社交困难。

1. 在社交场合中觉得紧张

这是社交困难者的典型特征。在社交场合感到不适，异常焦虑，这也是我们在人前举止有些怪异的原因。紧张造成了一些尴尬的举动，而意识到尴尬又会增加紧张，如此负面循环。

2. 不了解社交礼仪

很多患有社交恐惧症的人表示，自己总不知道在一些公共场合该做些什么好。我们不知道如何找人聊天，怎样把握恰当的内容、时机，更不知道如何实时插个笑话。显然，对基本社交礼仪的不了解必然会让我们显得怪异或者过于害羞。

3. 常常事与愿违，弄巧成拙

有时不善于社交的人讲了个笑话，可周围人觉得玩笑开得不是时候，想赞美一番，却变成了讽刺。总之，我们在人群中的努力总是事与愿违。这种和周围人格格不入的感觉往往就是缺乏社交经验造成的。

4. 话题终结者

每个人都偶尔遇到过聊天冷场的时候，尴尬的沉默突然笼罩或是一句话悬在空气里没有着落。但对社交困难者来说这些情况频繁发生，并经常会成为话题终结者，引起自己和别人的不适，导致社交时更加自卑。

5. 与别人缺乏有意义联系

社交困难者苦苦挣扎在与人谈话、放下负担及进行有效的交流上，因此一般与周围人没有很紧密的联系。他们少有朋友，即使有也是局限在一个小小的交际圈里。没有知心朋友导致他们内心孤独，偶尔有别人

关心一下他们，也由于不善社交而草草应对。

　　如果我们符合以上几个特征，那么我们的社交可能存在一些障碍。但是不要担心，前面文博士给大家提出了几点建议，如果发现自己有一些社交困难，不妨试着按照建议改善自己，勇敢与人沟通，相信我们一定会战胜自己，结交到属于自己的好朋友。

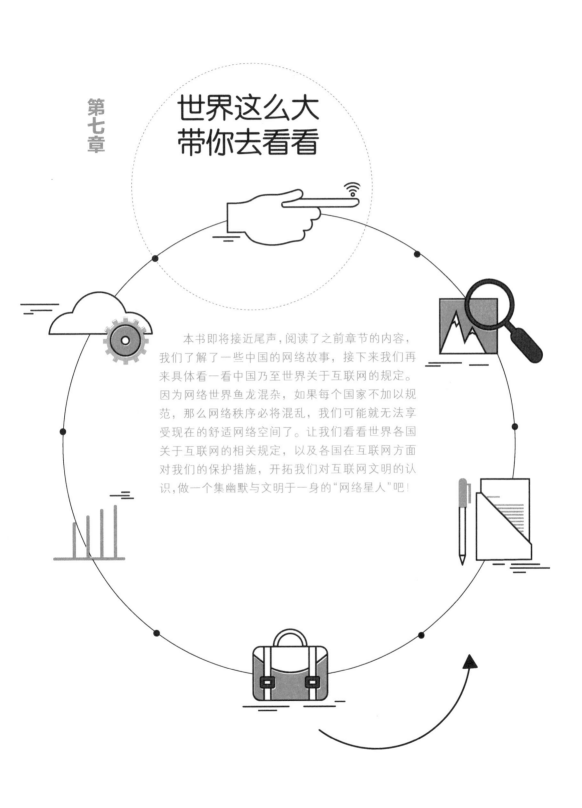

第七章

世界这么大
带你去看看

本书即将接近尾声，阅读了之前章节的内容，我们了解了一些中国的网络故事，接下来我们再来具体看一看中国乃至世界关于互联网的规定。因为网络世界鱼龙混杂，如果每个国家不加以规范，那么网络秩序必将混乱，我们可能就无法享受现在的舒适网络空间了。让我们看看世界各国关于互联网的相关规定，以及各国在互联网方面对我们的保护措施，开拓我们对互联网文明的认识，做一个集幽默与文明于一身的"网络星人"吧！

▶ 第一节 "互联网文明"在我国

文明
故事会

　　小昌是一个积极好学的好孩子，今年刚上初二。在同学眼中，小昌可是一本网络百科全书，这不，小红急匆匆跑过来，看样子是有问题要问。

　　"小昌，你知道吗？"小红好像要分享什么大秘密一样问道。

　　"怎么的？我不知道啊，哈哈哈……"小昌开玩笑地回复道。

　　"学校外面那家网吧被查封了！"小红说道。

　　"意料之中的事情啊！"小昌不以为意地回答道。

　　"啊？这你也知道？为什么会被查封啊？"小红疑惑地问道。

　　小昌一本正经起来，说道："这是他们违反了我们国家的互联网法律法规啊。你看他们总是接纳未成年人，早就违反了法律，这种网吧早就该封了。而且我国互联网法律法规可是规定游戏产品不能含有色情、暴力等内容，我听很多去过的同学说，里面的

游戏有多血腥、多暴力，这对我们成长不好。"

小红恍然大悟，一个劲儿称赞："小昌，你可真厉害，懂那么多！"

小昌突然害羞起来，说道："不是我懂得多，这些知识在网络上都是有的，我们好好利用网络学习，多懂一些国家在互联网方面对青少年的保护，对我们而言是很好的事情。"

小红听后，频频点头，表示以后会像小昌一样，多学习有用的知识，帮助自己成长成才。

文博士 课堂

互联网也和现实世界一样，一样有法律法规的约束。如《全国人民代表大会常务委员会关于维护互联网安全的决定》《互联网新闻信息服务管理规定》等 30 多部针对互联网的法律、行政法规、司法解释和部门规章，基本形成了专门立法和其他立法相结合、涵盖不同法律层级、覆盖互联网管理主要领域和主要环节的互联网法律制度。这些法律法规为依法管理互联网提供了基本依据，为净化网络环境发挥了重要作用。

这么多法律法规我们也不能一时全部都了解。这里我们着重了解一下《关于网络游戏发展和管理的若干意见》（以下简称《意见》）。

《意见》主要是为了加大我国网络游戏管理力度，规范网络文化市场经营行为，提高我国网络游戏原创水平，促进网络文化产业的健康发展，总而言之，就是针对我国网络游戏发展和管理工作提出的。这里面和我们相关的就是规范网络游戏市场秩序的部分，我们可以了解一下。

1. 网络游戏要正能量

我国规定申请新设立从事网络游戏经营活动的互联网文化经营单位除符合有关规定外，还应当具备 1000 万元以上的注册资金。

网络游戏产品的内容应当符合我国宪法和有关法律法规的规定，弘

扬民族优秀文化。严禁含有淫秽、色情、赌博、暴力、迷信、非法交易敛财以及危害国家安全等内容的网络游戏产品在国内的生产和传播。

作为青少年，我们不能只是玩游戏，如果发现含有色情、暴力等的游戏产品时，我们应该积极举报，维护好网络环境，做好网络文明的守卫者。

2. 进口网络游戏会审查

我国对进口网络游戏严格实行内容审查制度，有选择地把世界各地的优秀网络游戏产品介绍进来，防止境外不适合我国国情和含有不健康内容的网络游戏产品的侵入。

我们在接触进口网络游戏时，心中要有一把尺子，好好衡量，看看进口网络游戏是否真的适合我们，是否会对我们身心发展产生危害。一旦发现违反规定的进口网络游戏，一定要及时举报。

3. "外挂"必定受打击

同时，我国也加大了对"私服""外挂"等违法行为的打击力度。经营"私服"和"外挂"属于未经许可擅自利用互联网从事网络游戏经营活动的违法行为，要依照《无照经营查处取缔办法》予以取缔。

4. 加强网吧管理

我国切实加强对网吧的管理，规范网吧市场秩序。遵循取缔非法、控制总量、加强监管、完善自律、创新体制的要求，严厉查处网吧接纳未成年人进入的行为，认真落实网吧经营管理技术措施。

我国对未成年人进入网吧十分重视，作为网络文明守卫者的我们可不能越过这条保护线哦。

5. 限制网络游戏时间

我国要求网络游戏企业依法经营，按照国家有关标准，开发网络游戏产品身份认证和识别系统软件，对未成年人上网游戏和游戏时间加以限制，对可能诱发网络游戏成瘾症的游戏规则进行技术改造。

比如：王者荣耀官方为了防止小学生长期玩王者荣耀，从2017年4月17日开始要求未实名注册的QQ需要填写姓名、身份证号，并强制规定未满 18 岁的玩家每天只能玩 2 个小时。腾讯的王者荣耀还推出了家长监护功能，一键就可以禁止登录王者荣耀。

国家做出这些规定都是为了保护我们健康成长，网络游戏中存在很多我们可能不能发现，但是又在事实上存在的问题。在此阶段，我们的首要任务是认真学习，切不能因为虚拟的网络游戏而因小失大。

文明保卫战

虽然国家为了给我们提供一个清新的网络环境在不断做着努力，但是网络上的违规现象还是时有发生，当我们发现或者遭遇网络中的违规行为时，一定要积极举报，维护权益。那么，我们可以通过哪些途径进行举报呢？

1. 拨打 12318 举报电话

12318 是全国文化市场统一举报电话，主要涉及互联网上网服务营业场所经营活动，网络音乐、网络表演、网络动漫等网络文化市场经营活动领域的违法违规举报。当我们发现或者遭受这些领域的违法违规行为时，可以拨打 12318 进行电话举报，举报时注意如实说明情况，切不可虚假作伪。

2.12318 全国文化市场举报平台官网

第一步，打开 12318 全国文化市场举报平台官网，点击我要举报。

第二步，举报提醒页面，认真阅读"举报须知"后点击确定。

举报须知

本平台目前处于升级改造状态，各项功能正在逐步完善中。

一、按照中央有关要求，旅游市场执法职责和队伍整合划入文化市场综合执法队伍。目前，举报人可通过本平台向文化和旅游部门举报涉嫌违反文化和旅游市场相关法律法规意的线索。

二、为确保工作顺畅、业务延续、平稳过渡，在统一的举报投诉处理办法出台前，文化市场综合执法机构依据现行有效的《文化市场举报办理规范》《文化市场综合行政执法管理办法》《旅游投诉处理办法》《旅游行政处罚办法》等相关规定处理举报。

三、本平台主要受理对文化和旅游市场下列领域违法违规行为的举报：

1.营业性演出活动；

2.歌舞娱乐和游艺娱乐等场所经营活动；

3.艺术品经营活动；

4.互联网上网服务营业场所经营活动；

5.网络音乐、网络表演、网络动漫等网络文化市场经营活动；

6.社会艺术水平考级活动；

7.旅行社、导游等旅游市场经营活动；

8.文化市场综合执法机构职责范围内的文物、出版、广播电视、电影等其他市场经营活动。

四、按照有关法律法规规定，不涉及违法违规情形的各类文化市场消费纠纷投诉，如：网络文化运营商封停账号、充值消费、奖励发放等，请通过其他消费者投诉维权渠道进行，本平台不予接收。

五、由于旅游市场举报、投诉的处理程序不同，不涉及违法违规情形的旅游消费纠纷投诉请到"12301全国旅游市场举报投诉平台"发起，或拨打12301等旅游投诉电话。

六、举报事项一事一单，请勿就同一事项重复举报，请勿在一个举报单中反映不同被举报人的涉嫌违法违规行为。

七、举报人填写的举报内容应当符合本平台要求的格式，事实清楚、实事求是。

八、为便于举报后续处理和核查，本平台鼓励进行实名举报，并将对举报人的个人信息严格保密。文化市场综合执法机构不会将举报内容和案件查办情况泄露给被举报人或者其他人员。

九、不得在本平台发表违反中华人民共和国宪法和法律的言论，不得发表造谣、诽谤他人的言论。举报人承担一切因言行为而引起的法律责任。

十、向文化和旅游部门提出意见、建议，政府信息公开申请，行政复议，信访及反映有关工作人员履职行为问题的，请通过专门的程序和渠道进行，本平台不予接收。

第三步，提示页面，选择"实名举报"还是"匿名举报"。

第四步，选择举报类型。举报类型包括：文化市场活动，旅游市场活动，文物、出版、广播电视、电影等其他市场活动。

第六步，如实填写举报信息，并提交。

第六步，等待信息受理结果即可。

3. 平台内部或官网举报

现在，正规的互联网平台都有专门针对违规违法行为进行举报的机制，我们可以在平台内进行举报，也可以进入其官网，进入"客服专区"或"举报专区"进行举报操作。要记住的是，我们在发现或者遭遇网络

违法违规行为时一定要保留证据，在举报时提供证据，让我们的举报更具真实性和说服力。

4. 腾讯110

我们可以通过微信搜索"腾讯110"小程序，举报在QQ、微信中遇到的违法违规行为，比如：网络诈骗，赌博、传销、金融服务违规，有害青少年健康的网络行为，敲诈勒索、传播色情、虚假红包等其他违法违规行为。

现在，我们已经了解到了一些举报网络违法违规行为的途径，如果我们在今后发现或者遭受这些违法违规行为时，一定要进行举报，为共筑清朗互联网环境贡献自己的一份力量。

知识万花筒

世界互联网大会：由我国倡导并举办的世界性互联网盛会，旨在搭建中国与世界互联互通的国际平台和国际互联网共享共治的中国平台，让各国在争议中求共识、在共识中谋合作、在合作中创共赢。到2019年，我国已经举办了六届世界互联网大会。

作为互联网文明的守卫者，我们一定不能错过世界互联网大会中重磅嘉宾的发言亮点和流行词汇，这些发言和流行词汇能帮助我们更好地认识互联网和互联网文明。

1. 沈向洋（原微软全球执行副总裁）

沈向洋在第六届世界互联网大会上指出："创新是周而复始的螺旋形的循环，我们要做的是去思考'如何以负责任的态度、用最佳的方式，去开发和部署我们创造的技术'。"

我们作为网络文明的守卫者，一定要以负责任的态度对待网络，学会思考和创新。

2. 胡歌（上海戏剧学院文艺工作者）

胡歌在第六届世界互联网大会上对未成年粉丝追星提出建议：一是要对明星有一个理性的认识。追星的过程中真正要获取的，是演员所扮演的角色或原型人物身上正向的能量。二是互联网不仅有明星，也是了解世界、探索真理的最便捷的途径。

我们都有自己的偶像，但是追星不能盲目和迷失自我，我们要像胡歌说的那样，追星是为了获取偶像身上正向的能量，并且要充分利用互联网了解世界、探索真理，不单单只是追星。

3. 任宇昕（腾讯公司首席运营官）

"未成年人保护是腾讯发展的生命线。今年内将把腾讯旗下所有游戏接入防沉迷系统，不能接入的将停运或者下架。"这是任宇昕在第六届世界互联网的发言亮点。

从任宇昕的发言中，我们看到的不应该是游戏限制对我们越来越严，而应该看到为了保护我们，国家和企业所付出的努力。我们不要做一个沉迷游戏、沉迷网络的青少年，要勇敢地承担起属于我们自己的责任，做一个有责任、有担当的人。

4. 周源（知乎创始人兼 CEO）

周源在第六届世界互联网大会上指出："互联网不能也不该永远停留在青春期，今天这个时间点，承担应该承担的责任，已成为所有中国互联网企业面临的任务。"

承担应该承担的责任，不仅仅是中国互联网企业面临的任务，也是我们青少年面临着的任务。国家和企业为了我们的健康成长努力净化网络环境，我们也应该努力做好我们该做的，为互联网文明的发展尽自己的一份力。

到 2019 年，我国已经举办了六届世界互联网大会，大会旨在推动构建网络空间命运共同体，让互联网繁荣发展的机遇和成果更好造福人类。了解了世界互联网大会，我们可以看出国家和企业在为我们以及人类的发展做着努力，我们也不能闲着！我们在使用互联网时要想着促进互联网的繁荣良好发展，看见妄图破坏互联网空间的行为要举报制止，为营造清朗网络空间贡献一份力量。

▶ 第二节　世界各国的"互联网文明"

不仅我们国家对青少年的保护极为严格，世界各国对青少年在互联网方面的保护同样如此。全球互联网监管已经成为大趋势。下面，文博士就带大家了解一下世界各国的"互联网文明"，看看他们是怎么用法律法规净化网络环境的。

1. 美国：互联网法律最多的国家

作为世界超级大国，美国非常重视建立健全互联网管理的法律法规。自1978年以来，美国政府各部门先后出台了130多项法律法规，其中有《计算机犯罪法》《儿童在线隐私保护法》《未成年人互联网保护法》《反垃圾邮件法》等。

这些立法既有联邦立法，也有各州立法，涵盖了互联网管理的方方面面，美国也因此成为世界上拥有互联网法律最多的国家。"9·11"事件后，小布什政府相继颁布了《爱国者法》和《国土安全法》，现已成为互联网管理的主要法律依据。

2. 英国："网络聊天暗语词典"保护青少年安全

与美国相比，整个欧盟在个人信息保护领域的法律法规更为严格。英国政府成立了专门机构负责未成年人网络运用，同时英国还有互联网自律协会，主要负责受理各地举报的互联网不文明内容。

除此之外，英国还针对我们聊天的特征，开发了一款"网络聊天暗语词典"，在我们上网遇到"危险"语言时，系统将会自动关闭电脑或向家长发送邮件通知，以及定位我们聊天对象的位置。

3. 韩国：青少年半夜禁止玩游戏

韩国对青少年网络运用采取全面立法的管理模式。在《信息化促进法》《电信事业法》《青少年保护法》等规定中，明确表示限制给青少年提供网络暴力信息。

据《人民日报》介绍，2011 年 4 月，韩国国会通过了限制青少年深夜上网打游戏的《青少年保护法》修订案，俗称"灰姑娘法"。同年 11 月，由女性家族部推进落实"强制熔断制度"，强制游戏发行商在晚上 12 时至早上 6 时停止向未满 16 岁的未成年人提供互联网游戏服务。

4. 日本：分级制度全覆盖

日本在控制色情内容传播方面制定了系统的法律法规，包括：《淫秽物陈列罪》《青少年保护育成条例》《儿童色情保护法》《青少年网络规制法》等。

除此之外，为了保护青少年远离有害内容，日本的分级、过滤制度从广播电视到电影、书籍全覆盖，各大网站、手机专用网站也进行了过滤措施。

5. 德国：强制封锁儿童色情网页

2009 年，德国出台了反儿童色情法案《阻碍网页登录法》，联邦刑警局按此法案将建立封锁网站列表并每日更新，互联网服务供应商将根据这一列表封锁相关的儿童色情网页。

值得一提的是，打击互联网儿童色情犯罪成为各国政府的重点工作，不少非政府组织也积极参与。例如，非政府组织"提倡保护儿童网站协会"通过与许多网站及热心人士合作，举报和查证各种色情网站。他们对被举报的色情网站的服务器、收费方式、IP 地址、拥有者等信息进行分析，一旦发现有关儿童色情内容，就会向美国联邦调查局、全国失踪和受剥削儿童保护中心等政府机构报告。

当然，除了文博士给大家介绍的上述国家之外，还有其他国家对我们在互联网方面的保护法律法规也是有的，只是有的国家比较完善，有的国家正在逐步完善。每个国家在对青少年的保护上都下足了功夫，但最主要的还是靠自己，不去违反法律法规，做一名合格的互联网文明守卫者！

文明保卫战

刚刚我们了解了各国的法律法规，那么接下来，文博士带大家看看各国是怎么在互联网中保护青少年的。

1. 美国：游戏分级约束青少年

美国对青少年的保护主要体现在游戏上，把游戏分为几个等级，以此来让青少年对照娱乐。按照年龄种类分成 7 级：3 岁、6 岁、10 岁、13 岁、17 岁、18 岁和待定，每一级别都有标准。

美国的小孩面对国家强制的游戏分级制度，能很好地约束自己。2010 年后，我国网游分级也拉开大幕，在玩网络游戏时，我们也要开始有选择性地玩适合自己年龄的游戏。

2. 英国：24 小时热线随时提供帮助

英国设立了专门网站，向家长提供了最新的网络安全信息。政府公布了 24 小时的儿童热线，家长和孩子可以随时就网络问题寻求帮助，以及政府专门设立了保护青少年的"儿童开发与在线保护中心"，让公众、执法机构和网络业主间加强联系，跟踪并检举嫌疑人，防止犯罪分子以儿童为目标进行网络犯罪，这些都体现了立法与执法的针对性和有效性。

3. 芬兰：过滤不良信息，营造清朗空间

芬兰政府及青少年保护组织从教育、管理和监督等方面多管齐下。

为避免色情、暴力及含有其他不健康内容的网站对我们产生不良影响，芬兰教育部在全国学校和图书馆的电脑上安装了拦截软件，以过滤和屏蔽不良网站。芬兰电信运营商也为家长提供了"家长网上监控"服务，通过过滤器删除网上不健康的内容。

4. 澳大利亚："网络保姆"代替家长监管

澳大利亚政府层面有类似网络监管的部门，对于未成年人的网络监管主要以个体家庭为中心，对于一切关于未成年人涉色情的内容是一定要屏蔽的。此外，澳大利亚通常使用的"网络保姆"软件，对暴力、涉色情等内容会自动屏蔽，替爸爸妈妈监管孩子上网。

5. 韩国：世界上首个网络实名制国家

韩国政府从 2005 年开始逐步推动"网络实名制"的实施，是世界上首个强制实施网络实名制的国家。根据规定，网民在网络留言、建立和访问微博时，必须先登记真实姓名和身份证号，通过认证方可使用。韩国政府还接连推出了网游实名制及限制青少年上网时间等规定，包括禁止未成年人在深夜玩网游等。

> **知识万花筒**
>
> **网络实名制**：韩国是率先推行网络实名制的国家之一，2011 年 12 月 16 日，北京市公布实施微博管理新规，提出任何组织或者个人注册微博账号，应当使用真实身份信息；网站开展微博服务，应当保证注册用户信息真实。

6. 日本："专门"手机限制使用功能

日本针对青少年通过手机上网较为普遍的现象，各大移动网络运营商纷纷推出应对措施，保护青少年上网安全。如 KDDI 公司曾推出面向小学生的手机，用户仅可与已保存在电话本内的人通话，手机完全删除了网络浏览和短信功能。部分学校专门推出了"校园手机"，对学生手机的通话和上网的时间、内容都进行了限制。

> **知识万花筒**
>
> **KDDI 公司**：是一家在日本市场经营时间较长的电信运营商，是日本的一个电信服务提供商，GS 提供的业务包括固定业务，也包括移动业务。KDDI 的前身是成立于 1953 年的 KDD 公司。

7. 法国："上网执照"引导正确上网

法国还有针对青少年的"上网执照"，教青少年如何应对网上的陌生人上网，引导青少年正确、文明的网络行为。

此外，法国宪兵队还为青少年使用互联网提出了以下建议：第一，父母应当知晓孩子在用互联网做什么；第二，青少年不应在网上观看色情、淫秽视频；第三，不要用生日做密码；第四，不要将私人照片上传到网络；第五，不要在网上将姓名、住址透露给他人，这样会帮助不法分子锁定目标并实施偷窃。

想必我们都发现了，文博士在介绍世界各国法律法规中出现了"网络保姆"这个词，下面我们就主要了解这个职业——网络保姆。

1. 什么是网络保姆？

网络保姆，即为他人的网站提供保护，为客户提供网络安全咨询指导服务、进行网站漏洞检查等，以防止黑客篡改数据，造成经济损失，最终保障网络安全。

2. 网络保姆的主要工作有哪些？

第一，网络保姆的主要工作是为客户提供网络安全咨询指导服务、进行网站漏洞检查等。我们在上网时会遇到很多问题，而网络保姆则可以为我们进行指导服务，让我们的网络旅程变得更加清朗。

第二，网络保姆不仅要教我们如何正确运用电脑进行必要的学习和探索，帮助我们规范自己的上网行为，还要指导我们浏览对自身思想道德健康有益的内容。

第三，网络保姆监督我们每次上网不得超过两个小时，节假日上网不得超过四个小时。我们上网没有足够的自制力，而网络保姆的出现，可以很好地帮助我们解决这一问题，让我们养成良好的上网习惯。

3. 网络保姆的优势有哪些？

第一，网络保姆不需要建立专门的公司，也不需要建立专门的宣传网站，只要有一个 QQ 号就可以开展业务。

第二，公司成本低。因为无须建立 专门的公司和宣传网站，可大大降低公司的成本。

第三，与客户联系方便。只需要一个 QQ 号便能完成工作，并且在工作中可随时与客户保持联系，并第一时间帮助客户解决问题。

我们在与互联网打交道时不免会有人沉溺于其中。网络保姆能帮助我们更好地利用网络进行学习，但我们不能过度地去依赖它。我们需要的是真正掌握使用互联网的正确方法，规范自己的上网行为，养成良好的上网习惯，把互联网当成一个工具，使用它但不沉迷它。

▶ 第三节 网络无边，青春有限

文博士课堂

文博士已经给大家简单讲解了各国的一些法律法规，我们不难发现全世界都在为我们营造清朗的互联网环境而努力。下面，文博士想要与大家分享一些数据，通过这些数据让我们更加理解为什么全世界都注重互联网文明环境的构建。

1. 第 46 次《中国互联网络发展状况统计报告》

2020 年 9 月 29 日，中国互联网络信息中心（CNNIC）在京发布第 46 次《中国互联网络发展状况统计报告》。截至 2020 年 6 月，我国网民规模达 9.40 亿，全年新增网民 3625 万，互联网普及率为 67.0%，较 2020 年 3 月提升 2.5 个百分点。

其中，以中青年群体为主，并持续向中高龄人群渗透。截至 2020 年 6 月，我国网民以 10~49 岁群体为主，占比 73.8%。我们既是网络的主要使用群体，又是推动网络发展的巨大力量。同时，移动互联网塑造的社会生活形态进一步加强，"互联网 +"行动计划推动政企服务多元化、移动化发展。

2.《中国青少年互联网使用及网络安全情况调研报告》

2018 年 5 月 31 日，共青团中央维护青少年权益部、中国社会科学院社会学研究所以及腾讯公司联合发布了《中国青少年互联网使用及网络安全情况调研报告》。报告中有几点值得我们注意：

①在各项制度的规范下，我们的上网时长半数在 2 小时内

根据调查显示，我们的触网年龄愈发提前，我们之中有超过六成触网年龄在 6~10 岁，且八成以上都具备较强的网络使用能力，接近半数每天上网时长都能控制在 2 个小时以内，我们每天上网时长达到 2~4 小时的比例是 24%。同时随着网络接入的便捷和普及化，我们上网地点集中在家庭。

②我们的上网活动以休闲娱乐为主

从兴趣点上看，娱乐仍旧是我们最为喜欢的领域，影视、动漫、游戏、音乐收获关注满满。听音乐因为其伴随性的特点，是我们网络娱乐生活中频率最高的活动，我们中几乎总是在听音乐的人数占比达到 29%。还值得关注的是，短视频迅速崛起，成为我们娱乐休闲生活的新方式。

③我们遭遇网络风险的概率极高

我们中的三分之一在网络上遇到过色情信息骚扰，遭遇场景包括社交软件、网络社区和短视频等；遇到过网络诈骗信息比例为 35.76%；遇到过网络欺凌的比例最高，达 71.11%，其中以网络嘲笑和讽刺、辱骂或者用带有侮辱性的词汇的形式比例最高，其余表现形式还有恶意图片或者动态图、语言或者文字上的恐吓等，遭遇场景多样化，包括社交软件、网络社区、短视频和新闻评论区域等。

④面对网络中的风险我们的应对方式比较消极

色情信息、诈骗、网络欺凌、网络骚扰是我们最常见的网络风险，而我们最常用的应对方式是"当作没看见，不理会"，占比分别高达76.43%、68.12%、60.17%、63.74%。但引发关注的是，我们虽多不理会，但也不愿"告诉父母"，相比之下，我们更愿意跟同学或朋友进行沟通。

文明保卫战

看了上面的数据，我们有没有更理解全世界那么多关于我们上网的

保护政策呢？通过全世界的政策法规，我们也更应该对互联网和我们的上网行为有一个更加清晰和准确的认识。

1. 我们正在成为网络使用的主体

互联网给我们打开了一个新世界，让我们可以尽情地享受冲浪所带来的乐趣。互联网确实给了我们求知和学习的平台，为我们获得信息提供了新的渠道，拓宽了我们的思路和视野。而随着互联网的普及，网民的网龄越发提前，青少年正逐渐成为网络使用的主体。

2. 互联网使我们的个人素养得到一定提升

我们可以使用 QQ 和微信超越时空地进行交流，增强我们的社会参与度，开发我们的内在的潜能。互联网的包容性，使上网的我们处于和现实生活完全不同的环境中，在思考的过程中，我们不仅锻炼了自己独立思考问题的能力，而且也提高了自己对事物的分析力和判断力。

3. 互联网对我们的人生观、价值观和世界观的形成构成潜在威胁

互联网是一张无边无际的"网"，内容虽丰富却庞杂，良莠不齐，我们在互联网上频繁接触西方国家的宣传论调、文化思想等，这与我们头脑中沉淀的中国传统文化观念和我国主流意识形态相冲突，使我们的价值观产生倾斜，甚至会盲从西方。长此以往，对于我们的人生观和意识形态必将起一种潜移默化的作用，对于国家的政治安定显然是一种潜在的巨大威胁。我们喜欢追韩剧、看美剧、喜欢韩国欧巴，慢慢我们对自己国家的主流文化忽视、排斥。

4. 我们很可能沉溺于网络虚拟世界，脱离现实，导致学业荒废

与现实的社会生活不同，我们在网上面对的是一个虚拟的世界，它不仅满足了我们尽早尽快占有各种信息的需要，也给人际交往留下了广阔的想象空间，而且不必承担现实生活中的压力和责任。

虚拟世界的这些特点，使得我们中一部分人宁可整日沉溺于虚幻的环境中而不愿面对现实生活。而无限制地泡在网上将对日常学习、生活产生很大的影响，严重的甚至会荒废学业。

我们还喜欢在各大贴吧、网站上跟帖评论，遇到喜欢的就各种追捧、夸赞；遇到不喜欢的就变成了黑粉、愤青，随意批评。特别是在网络游戏世界中，我们更加感到放松自由，因为它更加虚拟，坐在电脑两端你不识我，我不识你，我们可以畅所欲言。但是有时候我们把控不住自己，一玩游戏就沉迷其中，荒废学习。

互联网是一把双刃剑，"善意"的互联网可以为我们带来无穷的宝贵资源，可以为我们提供无数了解世界、学习知识的途径，而"万恶"的互联网也在摧残着我们每一个人的心灵。

世界各国在努力，我们也不能有所怠慢。从第一章看到这里，我们是不是也有疑问：到底如何才能成为互联网文明的"守卫者"呢？别着急，文博士下面就给大家总结一下本书的内容，让我们成为一名合格的互联网文明"守卫者。

1. 遵守社会主义核心价值体系的要求

我们要按照社会核心价值体系的要求，大力倡导传播热爱祖国、热爱党、热爱人民、崇尚科学、团结互助、遵纪守法、诚实守信等文明上网之风，把互联网当作宣传科学理论、传播先进文化、塑造美好心灵、弘扬社会正气的阵地。

2. 坚守社会公德，弘扬传统美德

我们要坚决抵制与社会公德与传统美德相背离的不良信息，净化网络文化环境，不发表恶性攻击单位、团体及他人的言论、信息、图片，不刊载不健康文字和图片，不登录不健康网站，不运行带有凶杀、色情内容的文件和游戏，不登载不健康广告。

3. 进一步增强网络文明意识，自觉遵守《全国青少年网络文明公约》

第一，我们在交流的过程中要文明用语、友好交流、互谅互让，体

> **知识万花筒**
>
> **社会主义核心价值体系**：包括四个方面的基本内容，即马克思主义指导思想、中国特色社会主义共同理想、以爱国主义为核心的民族精神和以改革创新为核心的时代精神、社会主义荣辱观。

第七章 世界这么大 带你去看看

现高素质和应有风貌。

第二，我们要自觉抵制网络低俗之风，聊天讲文明，发帖守法律，积极营造网络文明新风。

第三，我们在使用互联网时，不登录不健康的网站，不刊登转载不健康的文字图片，不发送不健康的短（彩）信，不在网站社区、论坛、贴吧、微信、微博上传播和发表违法、庸俗、格调低下、虚假、淫秽、反动的言论图片和音视频信息。

第四，我们要敢于用正确的方式和网上不文明的行为做斗争，积极争做"文明网民"，争做网络安全卫士，共同清扫网络垃圾，促进网络的健康发展。

互联网对于我们来说是神秘的，也是充满诱惑的，尤其是出生在大都市里的青少年甚至从出生的第一天就被互联网包围着。

对于互联网的善与恶我们难以辨别，所以就需要全世界的力量来实施一系列保护措施，但是也不是说我们就完全处于被动，我们还是要从自我做起，文明上网。

我们要认识到互联网不是洪水猛兽，但也不是无害天使，它更像诱人的玫瑰，美丽芬芳但也满身尖刺。我们要在享受网络玫瑰的热情艳丽时，也要时时提防它浑身的刺。

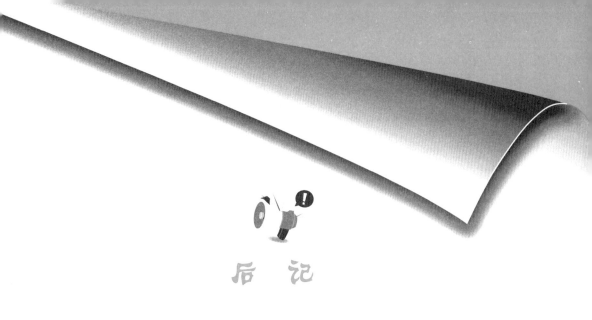

后　记

从 1994 年互联网正式进入我们国家，到今天，互联网已经渗透进了我们生活的每一个角落。现在打个车，叫个外卖，玩个游戏都有了全新的技术，这也让我们有了更多闲暇时间和表达的机会。现在这个时代，互联网环境正在重新定义，它塑造了我们的生活方式和价值观。本书中有很多关于互联网文明的例子，有正有反，是我们写作期间比较典型的。但是互联网的发展速度是我们无法预料到的，可能到本书跟大家见面的时候，这些例子已经不再新颖。我们在本书中传达出来的观点是，让青少年很好地认识互联网文明，规避自己的一些不良用网习惯，发现并勇于举报网络中的不文明现象。在虚幻的网络世界中，保护好自己的人身财产安全，同时也不侵犯他人的人身财产安全。由此我们提出互联网文明这个概念，编写此书来引导青少年正确地使用互联网和维护新时代下的网络环境。

本书由重庆工商大学文学与新闻学院院长王仕勇教授指导，昭通学院刘官青老师，重庆工商大学文学与新闻学院曾珠、马玲玉编写。围绕"互联网文明"这一主题展开，共七个章节。从 2016 年 11 月开始到 2020 年 9 月完成，中间经过了数次修改，花费了近四年的时间，可以说本小组成员尽了最大的努力。作者的网龄相对青少年都比较长，对互联网文明有自己的一些理解。全书具体撰写工作分工如下：第一章、第四章由刘官青完成，第二章、第三章由刘官青、马玲玉共同完成，第五章、第六章、第七章由曾珠、刘官青完成。王仕勇教授负责把握全书的写作方向，刘官青负责全书的统稿和校对。西南师范大学出版社的郑持军社长、雷刚编辑对此书的撰写和修改提出了诸多宝贵意见。

在写作过程中，我们参考了网络文明的相关书籍、论文及网络资料，也引用了一些专家、学者、网民的观点等。在此，我们对上述文献资料的作者和机构表示真挚的感谢。

互联网的更新每天都在上演，书中的观点和例子难免会有局限和变得落后。同时，由于本书成员的能力和经验的欠缺，本书还存在一些不足、疏漏之处，还请广大读者批评赐教。

编者于重庆工商大学

2020 年 9 月